圖解半導體

從設計、製程、應用一窺產業現況與展望

井上伸雄、藏本貴文／著

陳朕疆／譯

前言

「半導體的歷史，就是學習半導體的捷徑」現在的我如此深信著。

我是一名作家，但也在半導體產業的第一線，以工程師的身分奮鬥著。所以我也常想，該如何寫出一本半導體的入門書籍。

然而，這可說是個相當困難的任務。因為目前半導體產業所使用到的技術非常複雜、分工精細，所以要說明半導體產業的整體情況並不容易。

舉例來說，我的專長是「模擬」這項技術，需測量各種參數，以在模擬器上重現電晶體等元件的電流特性。這在半導體產業中是不可或缺的技術。但別說是一般民眾，就連面對同樣從理工科研究所畢業、同時期進入公司的同事們，也很難說明如何運用這種高度專業的技術。

要在一本書中，將含有許多複雜專業技術的半導體技術完整說明，我認為是不可能的事。

後來，我收到了執筆這本書的邀請。井上伸雄老師過世後，編輯希望我能延續老師的遺稿，把《圖解半導體》這本書寫完。

這件事發生在2021年，剛好碰上半導體供給不足，對整個社會影響重大的時期。半導體成了許多人關注的焦點。於是，編輯請我一定要寫一本有助於一般大眾了解半導體技術整體面貌的書。但這並不是一件容易的事。

最初看到井上老師的原稿目次時，我記得還苦笑了一下。只看標題的話，會覺得內容大概都在講以前的技術，現代半導體產業早已淘汰掉這些知識。

但在我認真閱讀原稿之後，想法有了改變，因為原稿的內容十分有趣。井上老師十分熟悉半導體產業的黎明時期，他也在原稿中描述了當時的消費者樣貌。

而且在我閱讀過原稿後發現了一點。現代半導體產業的總銷售額達到50兆日圓，是個相當龐大的產業，全世界許多工程師都參與了半導體的製造與開發。所以，要把這些技術都壓縮成簡潔易懂的內容，是一件不可能的任務。

不過，如果回顧黎明時期，那是個只要數十名工程師就可以製造、開發出新產品的時代；如果是這樣的規模，要理解整個製造、開發的脈絡，就沒那麼困難了。

而且當我仔細看過個別技術的內容後，也了解到CMOS、微處理器等半導體記憶體的原理，在半個世紀後也沒有多大改變，仍是半導體的根本技術。

IT產業技術進步的速度就像狗的成長一樣快速，做為核心的半導體技術更是日新月異。但讓人意外的是，做為半導體主幹的根本思想，卻幾乎沒有變動。

特別是工作時需操作半導體的工程師，以及從商務觀點看待半導體產業的商務人士，如果能理解半導體的根本思想，想必也能擴大自身的眼界。

井上老師的原稿以半導體技術的基礎與歷史為核心內容；目前以工程師身分，身處半導體產業最前線的我，將以這些內容為基礎，增添現代半導體技術的相關內容，補充原本的不足。

本書不只會詳細介紹各種基本技術，也會說明為什麼這些是必要的技術，幫助讀者理解整個脈絡。

當然，這本書不可能讓你一次理解所有現代半導體技術。但我可以保證，若能理解本書中提到的根本技術之背景與脈絡，在接觸到最新的半導體技術時，也會變得簡單許多。

那麼，就讓我們從最根本的地方，開始學習範圍廣大的半導體技術吧。

首先來試著簡短回答「半導體有什麼用途？」、「半導體是什麼樣的東西？」等基本問題。讓我們進入序章吧。

藏本貴文

CONTENTS

第2章 如何製作電晶體

第3章 計算用的半導體

第4章 記憶用的半導體

第5章 感光用、無線通訊用、功率半導體

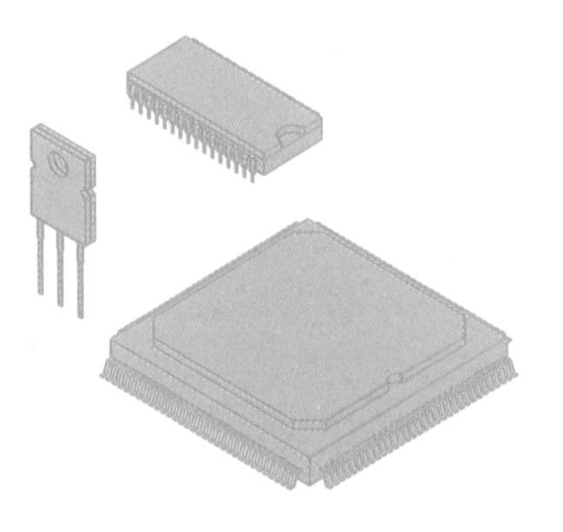

序章

半導體的世界

一開始先試著概略了解
半導體如何運作？
包含有哪些種類？
如何製造出來的？
以什麼方式使用？
這些是進入正文之前的
預備知識。請試著讀讀看。

半導體的用途

控制電流、電壓（類比半導體）

- **元件單體**（離散半導體）
  - 雙極性電晶體
  - 二極體
  - FET
  - LED 雷射
  - ⋮ 等
- **類比 IC**
  - 放大器
  - AD DA 逆變器
  - 電源 IC
  - 無線 IC
  - 感光元件 IC
  - ⋮ 等

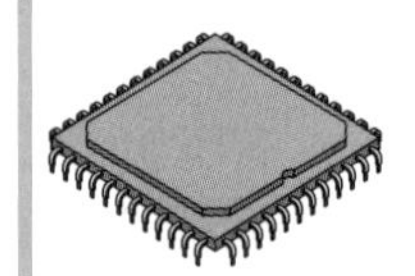

功率半導體指的是類比半導體中，特別用於控制高電流、高電壓的半導體

思考功能（數位半導體）

- **計算、控制**
  - **特定用途**
    - **ASSP** 圖像處理等特定用途
    - **ASIC FPGA** 依不同顧客需求而客製設計的 IC
  - **汎用品（多目的）微控器**（microcomputer）

微控器通常也內含了類比半導體與記憶體。

- **記憶（記憶體）**
  - **揮發性**（斷開電源後記錄會消失）
    - SRAM
    - DRAM
  - **非揮發性**（斷開電源後仍保留記錄）
    - 快閃記憶體

FET: Field Effect Transistor
LED: Light Emitting Diode
AD , DA: Analog to Digital ，Digital to Analog
ASSP: Application Specific Standard Product
ASIC: Application Specific Integrated Circuit
FPGA: Field Programmable Gate Array
SRAM: Static Random Access Memory
DRAM: Dynamic Random Access Memory

1 半導體厲害在什麼地方？

我們的周遭隨處可見半導體的蹤影。事實上，不管是需要插電的機器，還是裝有電池的機器，一定都會用到半導體。反過來說，**要是沒有半導體，就沒辦法運用電力**。

失去電力會對現代社會造成多大的影響，這應該不難想像吧。要是半導體突然消失，世界上的人們就會突然無法使用電力。

那麼，這些半導體有什麼功能呢？

半導體的功能大致上可以分成2種，一種是「控制電流、電壓」，另一種則是「思考」。

● 控制電流、電壓的類比半導體

先說明第1種用途「控制電流、電壓」。這種半導體也叫做類比半導體。

而類比半導體可以再依用途分成3類，分別是**開關、轉換、放大**。

首先，「開關」可以將電流切換成通路或斷路。小學的自然科實驗中，會用銅線連接電池，使電燈泡發光。接通電路後電燈泡確實會發光，但這種電路中的電燈泡卻會一直發光下去。實際的電器產品必須能夠隨意控制其運轉或停止。而開關就是類比半導體的一大用途。

類比半導體的第2個用途則是「轉換」。

就像各位所知道的，電視、收音機、手機需接收無線電波訊號。這些無線電波需轉換成電流訊號，機器才能進一步處理。而機器產生的資訊發送出去時，也需將電流訊號轉換成無線電波。這個轉換的工作便是由半導體負責。

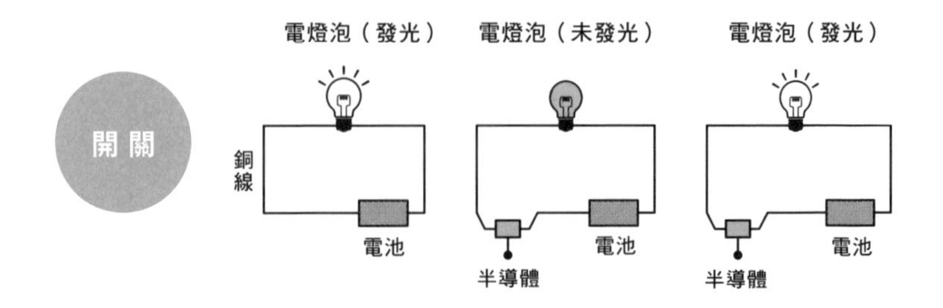

另外，想必您應該也聽過以LED（Light Emitting Diode）這種半導體製作而成的燈泡「LED燈泡」。這種名為LED的半導體，便可將電流轉換成光。

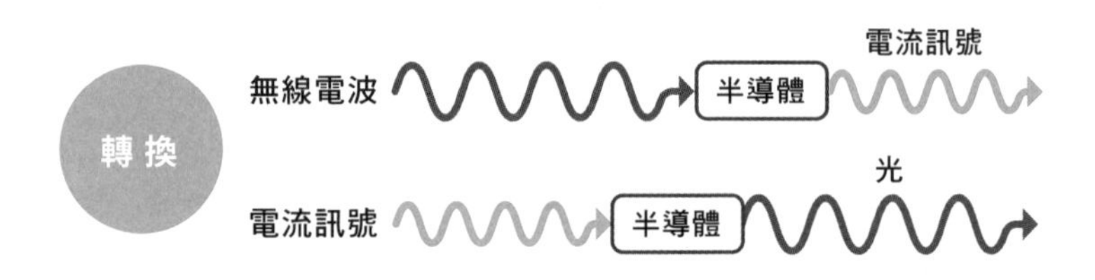

類比半導體的第3個用途則是「放大」。

有些電子機械會附有感應溫度或壓力的感應器。感應器可以將資訊轉換成電流訊號，不過這些訊號過於微小，很快就會消失，也容易被雜訊影響，所以需要放大器將微小的訊號放大。半導體就具有放大的功用。

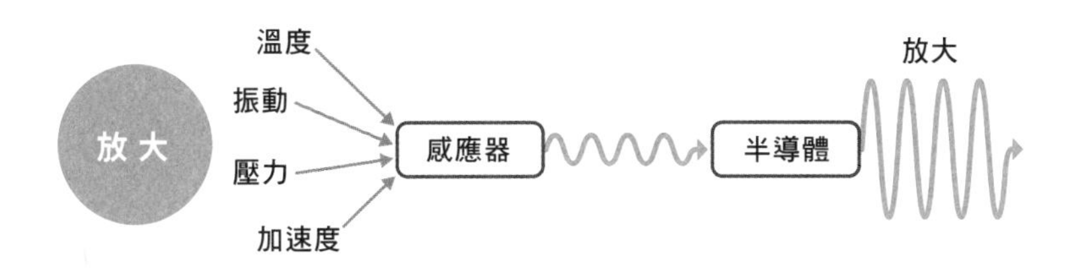

會思考的半導體

接著要談的是負責「思考」這個重要功能的半導體，這種半導體也叫做**數位半導體**。

電腦之類的機器可協助人類頭腦思考，譬如進行複雜計算、記錄大量資訊等。AI（人工智慧）也是電腦這個盒子內的半導體所塑造出來的。

這些計算與記憶過程，是數位半導體的重要用途。您應該有聽過**CPU**、**微控器**、**處理器**等名詞吧？這些是利用半導體的「思考」功能製作而成的產品。而記憶體則是利用其「記憶」功能製作而成的產品。

如果把機器比做人類，那麼半導體就相當於人的頭腦與神經。由這個比喻應該不難理解半導體的重要性。

會思考的半導體

→ 會計算
處理器

→ 會記憶
記憶體

2　半導體的種類與用途

我們的周遭有許多半導體，要找到它們並不困難。

若有機會，可以試著轉開電腦或家電等電器產品的螺絲，拆開來看看。應該可以看到幾個綠色板子，上面有一塊塊黑色的東西。這些黑色塊狀物就是半導體。

如果仔細觀察這些半導體的話，就會發現這些零件當中最少的只有數個端子（接腳），也有的約有10個端子左右，更多的則可能會有數十個以上的端子。

首先，端子數量少到只有數個端子的半導體，是僅由單一個電晶體元件或者是二極體元件所製成的產品，被稱為**離散半導體**（Discrete Semiconductor）。發光元件**LED**（Light Emitting Diode）也屬於離散半導體。

再來是有10個端子左右的半導體。將數個元件依特定方式排列組合，可以實現擁有特定功能的電路，這種電路稱為單功能IC（Integrated Circuit）。代表性的單功能IC包括放大訊號的**放大器**，以及能夠提供固定電壓的控制IC。

其中，離散半導體或單功能IC幾乎都是以類比半導體的方式控制電流及電壓。

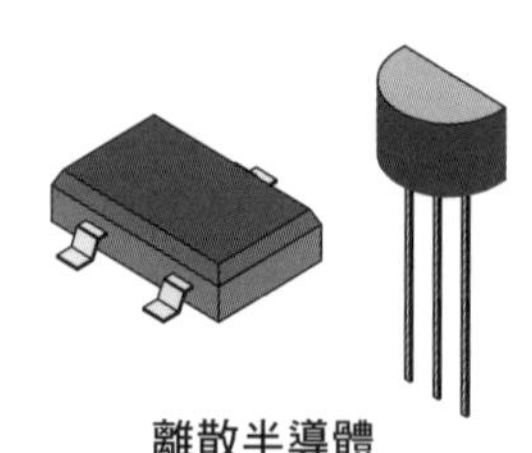

離散半導體

此外，**功率半導體基本上也是以類比用途為主**。因為功率半導體所使用的電流與電壓特別高，所以可以把它們當成具有特殊設計的類比半導體。

單功能IC

擁有數十個端子以上的IC，常稱為**LSI**（Large Scale Integrated Circuit）。這是由1000個以上的元件組合而成，即便是操作複雜的電路也只需1個半導體。

像微處理器這種進行數位處理（計算）的半導體，含有許多元件，故通常會被歸類於LSI。微處理器相當泛用，通常會設計成適用於多種用途的型態。

LSI

另一方面，有些產品會特化成圖像處理或通訊用的IC，這種有特定用途的產品稱為**ASSP**（Application Specific Standard Product）。

另外，用於記憶資訊的半導體則稱為**記憶體**。LSI進行數位處理時，需用到記憶體，故微處理器中，通常也會搭載記憶體。

3　如何製造半導體

這裡將簡單說明如何製作前面提到的各種半導體。前節中提到的LSI組成如下頁圖所示。

也就是將**IC晶片**這個半導體的核心，放入黑色盒子內蓋起來的結構。IC晶片伸出的端子，與引線框架的針腳以導線連接。盒子般的封裝材料，則可保護IC晶片不受水分或灰塵的影響，並使半導體能輕易固定在印刷電路板上。

這種半導體的製作過程大致上可以分成3個階段。

首先是設計工程。工程師需在電腦上設計，規劃要製作出擁有什麼功能的半導體。設計工作會用到專用於IC設計的**EDA**（Electronic Design Automation）軟體。這種軟體所使用的技術相當複雜，使用費也非常昂貴。

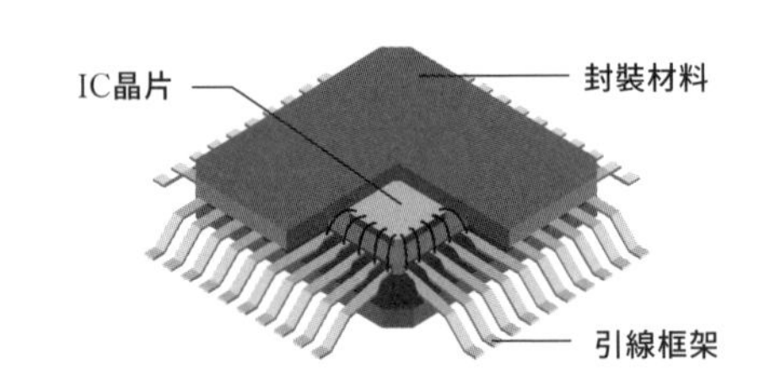

接著會進入名為前段製程的階段。這個階段中，需將設計好的電路刻在名為**矽晶圓**的圓板上。這裡會用到照相技術中的**光蝕刻法**技術，製造出非常微小的結構，目前最尖端的產品可達到10nm（1nm是1mm的十萬分之一）。半導體的電路可以說是目前人類製造的結構物中，最微小的一種。

最後一個階段叫做後段製程。這個階段中需將矽晶圓上的IC晶片切下來，製成**封裝**成品。最後測試封裝成品能否依預設方式運作，合格的話便能製成商品販賣。

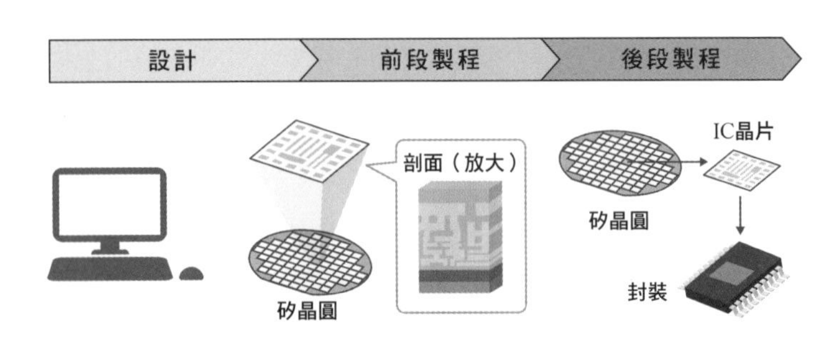

4　半導體活躍的領域

前面提到，只要是需要用到電力的地方，就一定會用到半導體。由此可知，半導體早已存在於我們周遭的每個角落。

首先是電腦。提到半導體，首先想到的應該是它的計算功能。電腦與遊戲機正是典型的例子。或許也有人覺得，這些東西就是將一堆半導體打包而成的產品。

家電當然也會用到半導體。譬如，空調內風扇與加熱器的開關、微波爐的加熱裝置開關，就有用到半導體。另外，就算是家電，也常需要用到計時器、溫度資訊，以控制輸出的能量，所以也會用到計算用半導體。

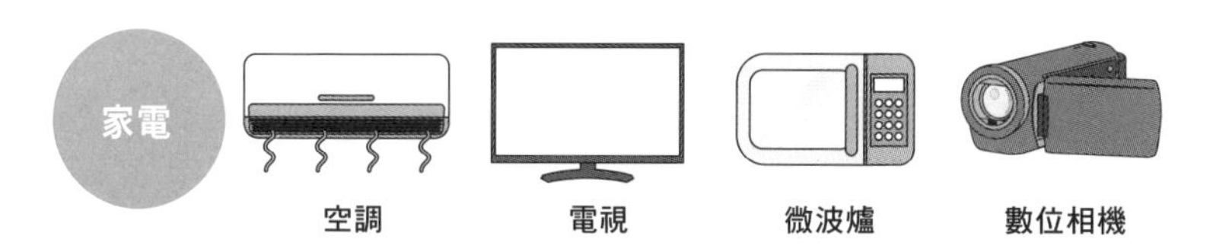

再來是交通工具。電動車自不用說，燃油車也多需要半導體控制引擎。電車及飛機如果沒有半導體也無法運作。

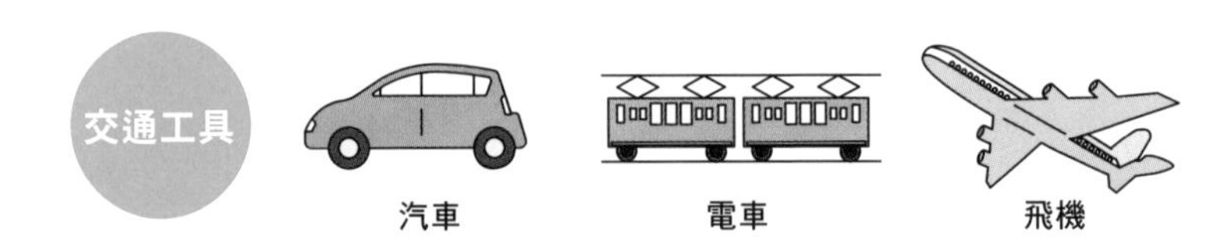

大規模的設備也需要用到半導體。譬如，發電廠內操控電力的設備、機器人或工廠的生產設備等等，都需要用到半導體。

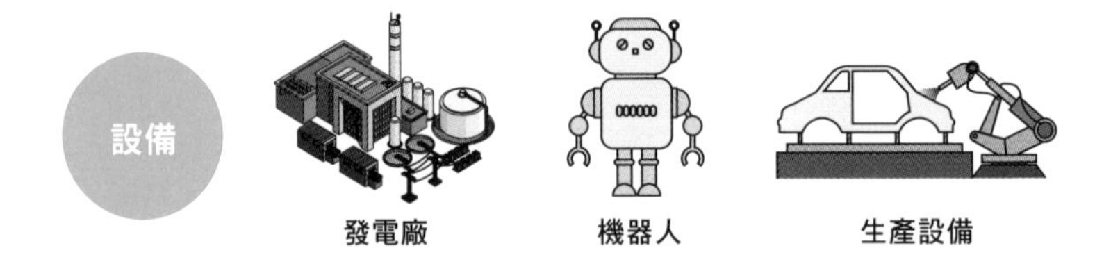

逐一條列之後，各位應該也再次理解到，我們的生活不能沒有半導體了吧。

第1章

半導體是什麼

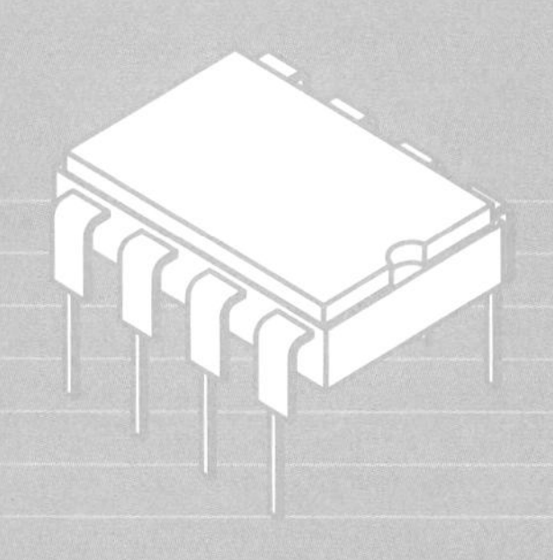

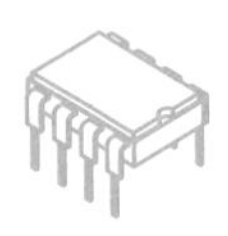

半導體以前的半導體

── 從礦石收音機到電晶體

直到1947年末，美國發明電晶體後，人類才正式開始使用半導體。不過在這之前，人類已經在使用類似半導體的東西，礦石檢波器就是其中的代表。

日本從1925年開始放送廣播，最早的收音機使用的是礦石檢波器。**檢波器**是一種可以接收電波，並從中提取出聲音與音樂等資訊訊號的元件。使用天然存在之礦石製作出來的檢波器，就叫做礦石檢波器。

圖1－1是礦石檢波器的原理。檢波器的構造是以金屬製的針碰觸著方鉛礦這種特殊礦石（圖1－1(a)）。

電流雖然從金屬針流向礦石很容易，但反過來要從礦石流向金屬針卻相當困難（圖1－1(b)）。這種特殊的性質稱為**整流性**，也是半導體的特性。

對於擁有整流性的物質來說，容易讓電流通過的方向稱為**順向**，不容易讓電流通過的方向則稱為**逆向**。

換言之，**順向的電阻較低，逆向的電阻較高**。之後會說明理由，總之有這種特性的元件，可用於製作檢波器。而順向與逆向的電阻比值愈大，可以製成愈靈敏的礦石檢波器。

圖 1-1 ● 礦石檢波器

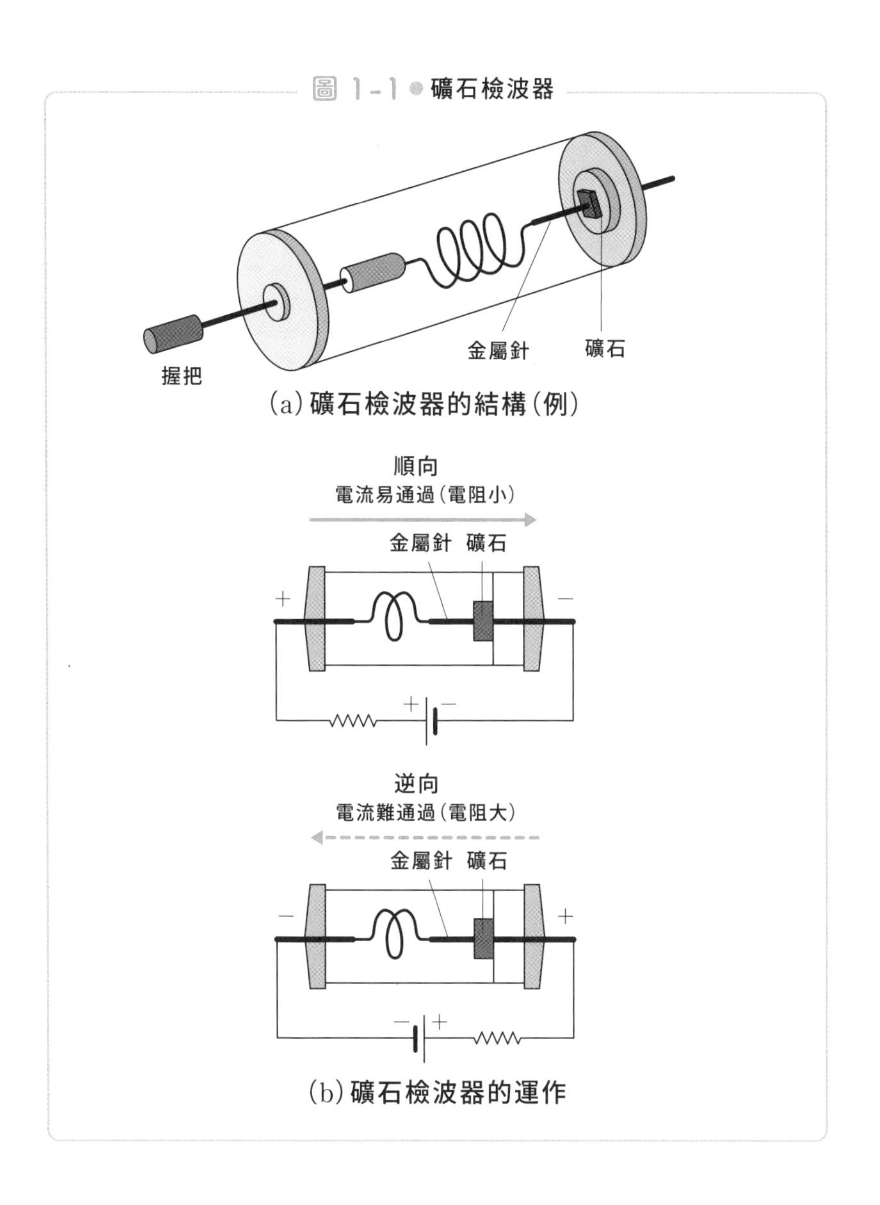

(a)礦石檢波器的結構(例)

(b)礦石檢波器的運作

礦石檢波器的原料是天然礦石，所以品質並不固定。針的接觸位置不同時，靈敏度也不一樣。所以製作礦石檢波器時，必須試著尋找能夠使針的敏感度達到最佳的特定位置。雖然品質不穩定，但製作簡便又便宜，也不用消耗電力，所以早期的收音機常會使用礦石檢波器。

當時的收音機少年也熱中於用礦石檢波器，自己動手製作礦石收音機。以前筆者（井上）年紀還小的時候，就曾自己製作礦石收音機。調整好礦石檢波器後，就可以清楚聽到廣播電台的聲音，讓人相當興奮。為了盡可能提高接收電波時的靈敏度，我當時也下了不少工夫。

這裡就來讓我們簡單說明用檢波器，從電波中提取出資訊訊號的原理吧。

如圖1－2所示，欲以無線電波傳送聲音、音樂等頻率較低的波時，需先將其轉變成頻率較高的波才行。

這個操作稱為**調變**。圖中，以調變器混合資訊訊號波（同圖①）與頻率較高的載波（同圖②）後，可以得到同圖③般的波，然後再發送這種無線電波（同圖④）。

檢波器接收到這種無線電波（同圖⑤）後，由於只會讓正向的調變波通過，故可得到同圖⑥般的波。這種波含有頻率較低的訊號波與頻率較高的載波，所以需再通過低通濾波器（只讓低頻率的波通過的濾波器），抽取出訊號波（同圖⑦）。

在真空管收音機盛行起來之後，人們便不再使用礦石檢波器。不過，在第二次世界大戰時，礦石檢波器又起死回生。使用礦石檢波器的**雷達**，在第二次世界大戰相當活躍。

圖 1-2 ● 接收無線電波訊號

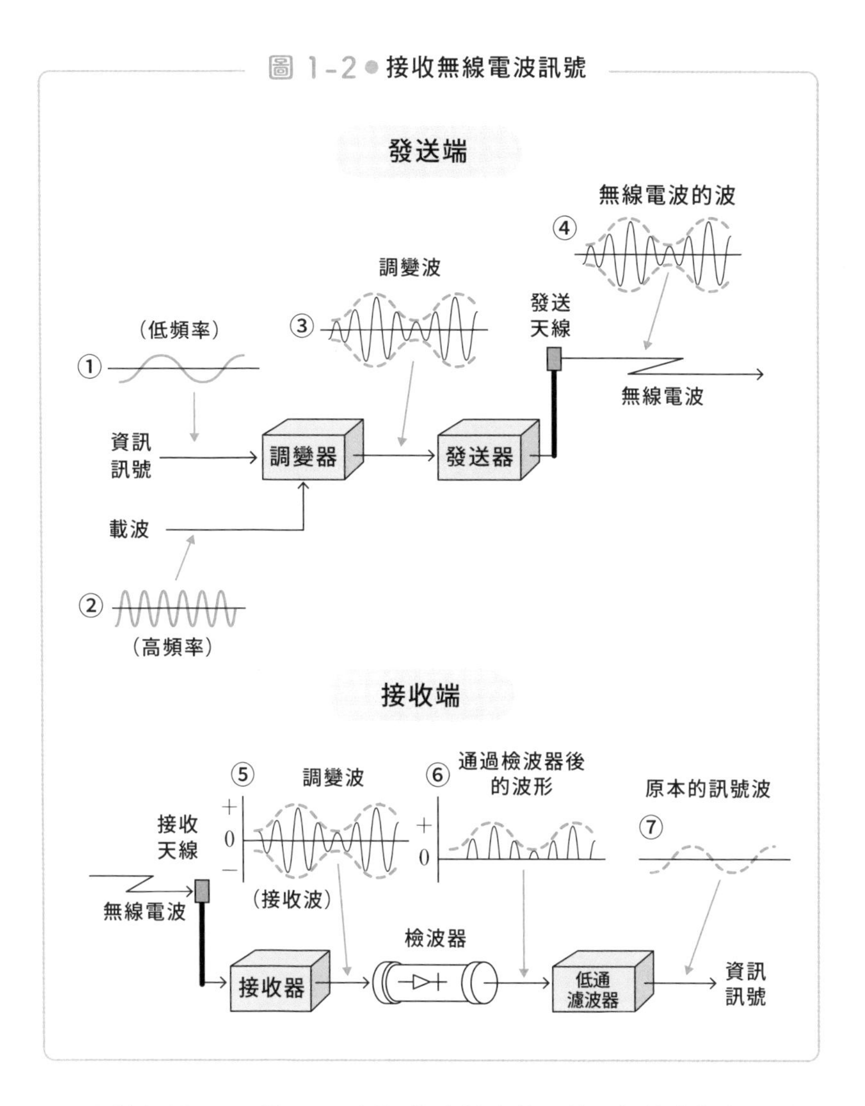

雷達如圖1－3所示，可透過指向性高的天線，朝特定對象發射高頻率電波脈衝，再接收由該對象反射回來的電波，並計算時間差，以測量出與該對象的距離與方向。**之所以要使用高頻率電波，是因為頻率愈高，愈能正確識別出細小的物體。**

這種雷達使用的無線電波叫做**微波**，頻率在3GHz～10GHz左右。若要用真空管檢波器，從頻率那麼高的無線電波中檢出訊號，必須使用體積很大、電容量很大的真空管才行，所以真空管不適用於高頻率的檢波器。

此時就輪到礦石檢波器重出江湖了。使用礦石檢波器時，針與礦石只要有1個接觸點就行了，電容量很小，在高頻率時也能正常運作。

圖 1-3 ● 雷達的原理

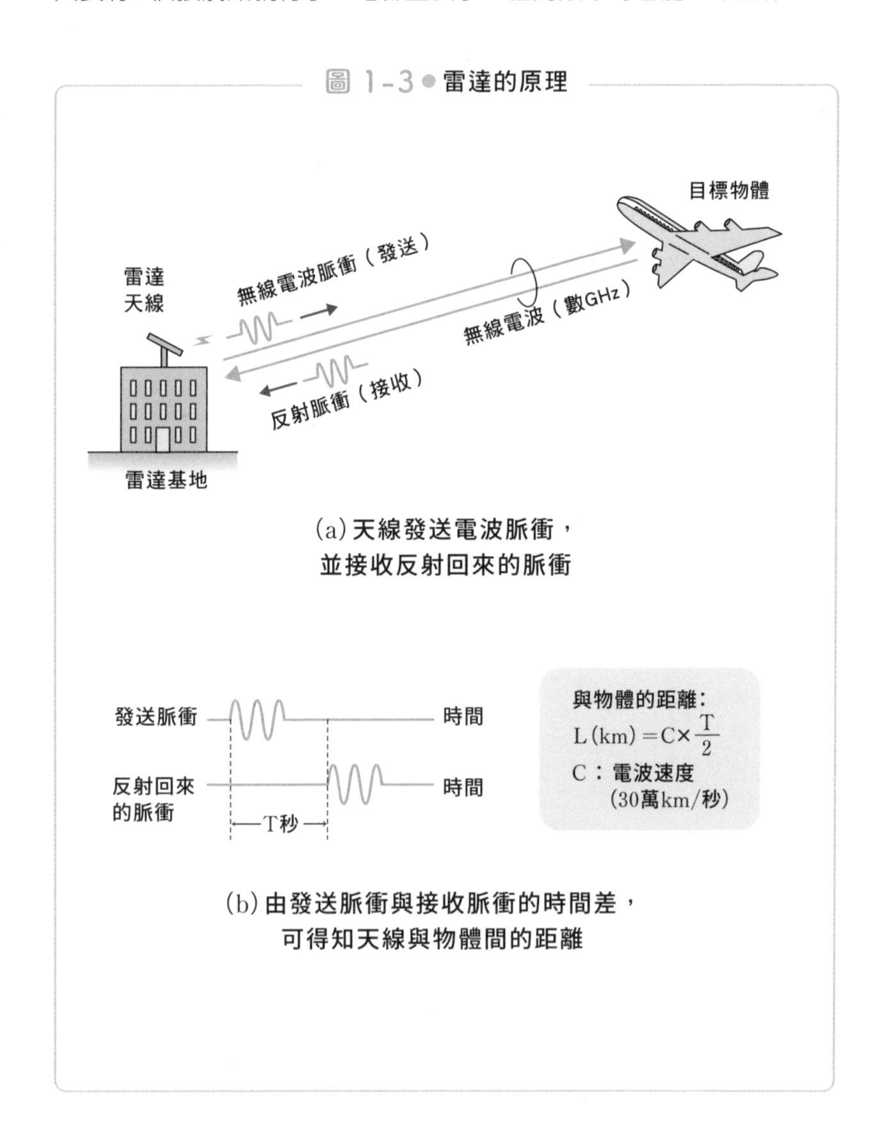

(a) 天線發送電波脈衝，並接收反射回來的脈衝

(b) 由發送脈衝與接收脈衝的時間差，可得知天線與物體間的距離

如前所述，礦石檢波器的運作並不穩定，無法直接用於戰爭。於是歐美國家便紛紛投入研發性能更好、能夠取代礦石檢波器的新型檢波器，最後得到的就是矽晶（半導體）與鎢針的組合。

矽晶是由人工製成的均質結晶，所以不需要像使用礦石時那樣，用金屬針尋找、調整最佳的接觸位置。

而且，隨著雷達矽檢波器的研究持續發展，科學家們也發現了矽晶是相當典型的半導體。

為了提高結晶的純度，矽晶的精製技術也跟著進步，這和戰後電晶體的發明也有一定關聯。而且，因為製造出高性能的檢波器，所以人們也開始使用像是微波這類過去幾乎不用的高頻率無線電波。相關技術在戰後開放給民間使用，於是電視與微波通訊也開始使用這些無線電波。

雖然我並沒有要肯定戰爭行為，但戰爭確實也有促進科學技術發展的一面。

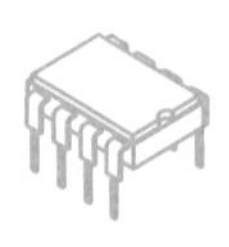

半導體就是這種東西

── 溫度與雜質可提高電導率

接著就讓我們進一步說明，半導體究竟是什麼東西吧。

所有物質大致上可依導電性質分為兩類，分別是可導電的「**導體**」，以及不能導電的「**絕緣體**」。

導體的電阻較低，電流容易通過，譬如金、銀、銅等金屬皆屬於導體。另一方面，絕緣體的電阻較高，電流難以通過，橡膠、玻璃、瓷器皆屬於絕緣體。

我們可以用**電阻率**ρ（rho：希臘字母）來描述物質的電阻大小。電阻率的單位是〔Ω・m〕，電阻率愈大，電阻就愈大。

如圖1－4所示，雖然沒有明確的定義，不過導體指的通常是電阻率在10^{-6}Ω・m以下的物質，絕緣體指的則是電阻率在10^{7}Ω・m以上的物質。

相對於電阻率，有時候也會用**電導率**σ（sigma：希臘字母）來描述物質的電阻大小。電導率為電阻率的倒數（$\sigma = 1 / \rho$），單位則為〔$\Omega^{-1} \cdot m^{-1}$〕。與電阻率相反，電導率愈大，電阻就愈小。

圖 1-4 ● 導體、半導體、絕緣體的分類

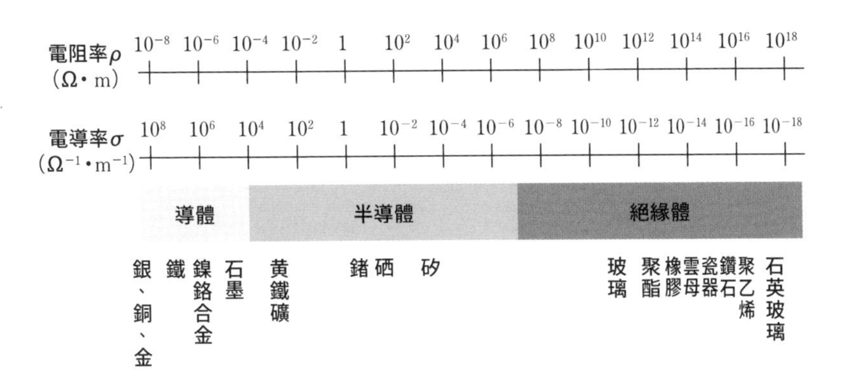

註：絕緣體的電阻率數值相當多變，這裡僅取代表性數值。

相對於此，**半導體如名所示，性質介於導體與絕緣體之間**；電阻率也介於導體及絕緣體之間，即10^{-6}～10^{7} Ω・m。代表性的半導體如矽（Si）與鍺（Ge）。

半導體的特徵不僅在於電阻率的大小，更有趣的是，隨著溫度與微量雜質濃度的不同，半導體的電阻率數值也會有很大的變化。圖1－5為溫度對半導體電阻率的影響示意圖。圖中縱軸寫的是電導率σ，但要注意的是，縱軸的σ值其實是對數尺度。

由這個圖可以看出，**一般而言，隨著溫度的上升，金屬的電導率會下降（電阻率上升）；但半導體則相反，在200℃以下的範圍內，溫度上升時，半導體的電導率會跟著上升（電阻率下降）。**

1839年，法拉第在硫化銀Ag_2S上首次發現了這種隨著溫度的上升，電導率會跟著上升的奇妙現象。雖然他不知道為何會如此，不過，這確實是人類首次發現半導體性質的例子。

圖 1-5 ● 金屬與半導體的電導率與溫度的關係

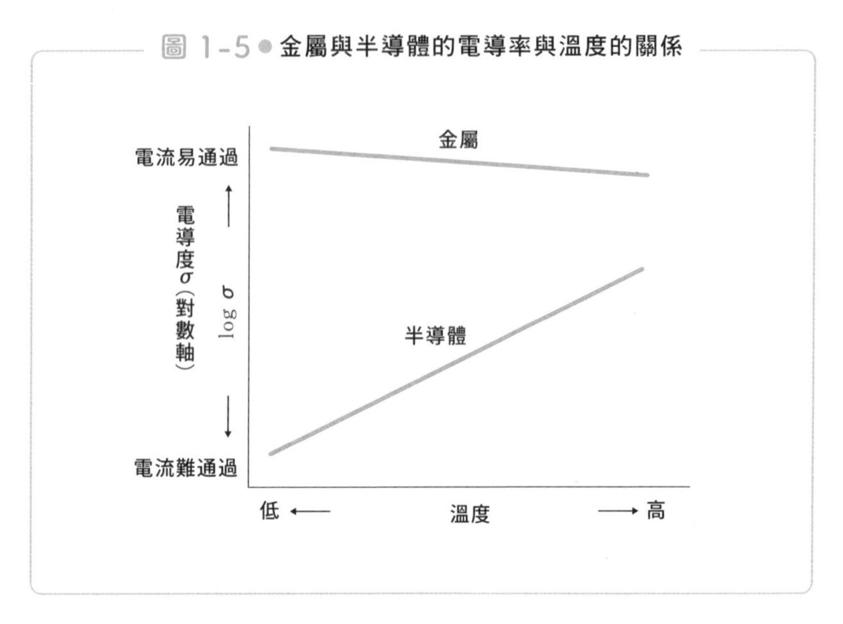

電流是電子的流動，所以電導率提升，就代表半導體內的電子數變多了。電子原本被半導體原子的＋電荷束縛著，無法自由移動。不過當溫度上升，獲得熱能後，電子就能脫離原子的束縛自由移動了。

這種能自由移動的電子（**自由電子**）數目增加後，會變得較容易導電，電導率跟著上升。這就是半導體的一大特徵。

高純度的半導體結晶在室溫下熱能不足，幾乎不存在自由電子，所以可視為絕緣體。

不過，如果在半導體結晶內添加極微量的特定元素雜質（Ge 與 Si 以外的某些元素），便可大幅降低電流通過半導體的難度。這也是半導體的一大特徵（詳情將在 1 － 5 節中說明）。

半導體的自由電子，也可以透過光能觸發。

英國的史密斯於1873年時發現了這種現象。他用光照射擁有半導體性質的硒（Se）時，發現硒的電阻變小了（內光電效應）。

1907年，英國的朗德對碳化矽（SiC）結晶施加電壓賦予能量時，發現結晶會發光。這種**能讓光與電能互相變換的特性，也是半導體的特徵**。

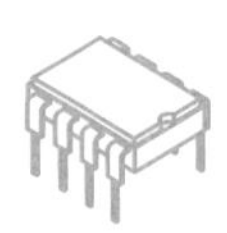

製造高純度的半導體結晶

—— 以柴可拉斯基法製造的矽錠

製作電晶體、IC、LSI等半導體元件時，必須使用極高純度的半導體結晶，對純度的要求為99.999999999％（有11個9，所以也叫做「eleven nine」）。

早期的電晶體以**鍺**（Germanium）製作，現在的半導體元件則多改用較穩定的**矽**（Silicon）來製作。矽是地球上含量第二高的元素，僅次於氧，資源量不成問題。

矽容易氧化，會以二氧化矽（SiO_2，也就是玻璃）的型態，大量存在於沙或岩石中。

若要製造能作為半導體材料的矽晶，需先用碳將SiO_2高溫還原成純粹的單質矽。此時的單質矽含有許多雜質，所以還要再與氯氣或氫氣反應，去除雜質，得到高純度的矽晶（多晶）。這個矽精製步驟需要大量電力，所以日本會從電力相對便宜的澳洲、巴西、中國等地方進口高純度的矽。

目前業界常用柴可拉斯基（Czochralski）法，將多晶矽轉變成單晶矽。

如圖1－6所示，將精製後的多晶矽堆疊於石英坩堝中，以非活性氣體（氬氣）充滿整個石英管，再用線圈加熱熔化這些矽。

圖 1-6 ● 以柴可拉斯基法製造矽錠

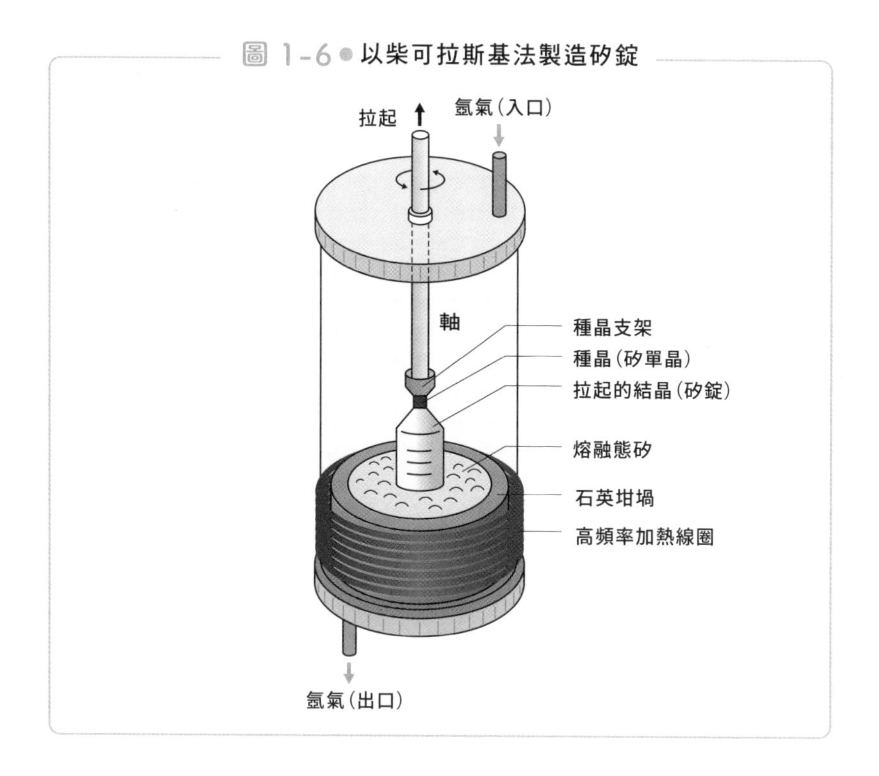

接著將小小的矽單晶做為種晶，接觸坩堝內熔化的矽，使其旋轉並緩慢往上拉，待其冷卻凝固時，就可以得到原子排列與種晶相同的大型塊狀單晶，如圖1－7所示。這種塊狀單晶叫做**矽錠**。

這個過程中，原本殘留在矽內的微量雜質會逐漸析出，使凝固後的矽晶純度變得更高。

圖 1-7 ● 矽單晶與矽晶圓

矽錠會被切成厚度僅1mm左右的薄片，稱為**晶圓**。晶圓再被切割成邊長數mm～十幾mm的方形**晶片**（圖1－8）。

IC或LSI等半導體元件皆由這些晶片製造而成。晶圓的直徑，決定了1片晶圓可以切出多少個晶片。故晶圓愈大，製造成本愈低。目前已可製作直徑300mm（12吋）的矽錠。

圖 1-8 ● 晶圓與晶片

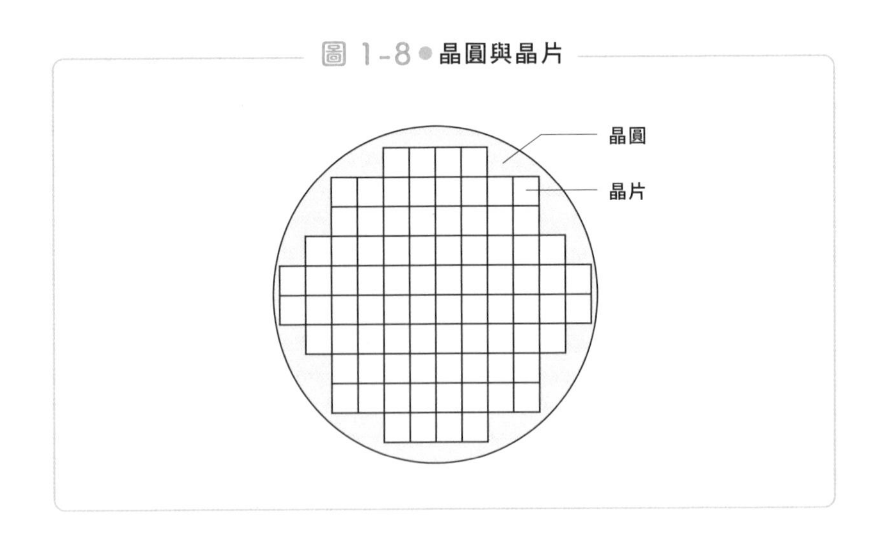

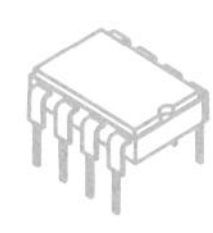

半導體內的電子

── 自由電子與電洞是「電的運送者」

20世紀被實用化之後的電子元件，可以從外部自由控制電子的流動。

最初用來控制電流的真空管，是個抽成真空的玻璃管，我們能夠透過調整外部的電場或磁場，控制管內的電子流動，以實現各種功能。如果要利用半導體實現相同的功能，半導體上需存在適當數量的電子，且要能從外部控制這些電子的流動。

這裡就讓我們先來確認看看半導體結晶當中的電子是處於什麼情況吧。

代表性的半導體如鍺（Ge）與矽（Si），它們在元素週期表中是同一族元素。

圖1－9節錄了週期表中的Ge與Si以及其周圍的元素。週期表會將性質相似的元素放在同一個縱行，同一縱行的元素稱為一個「族」，可以分成1族到18族。

圖中列出的週期表，是目前主流使用的長週期型週期表。不過，在半導體相關書籍或論文中，也可看到過去常使用的短週期型週期表。短週期型週期表會將元素分成Ⅰ族到Ⅷ族，長週期型的11族對應到Ⅰ族、12族為Ⅱ族、13族為Ⅲ族、14族為Ⅳ族、15族為Ⅴ族、16族為Ⅵ

圖 1-9 ● 元素週期表（節錄部分）

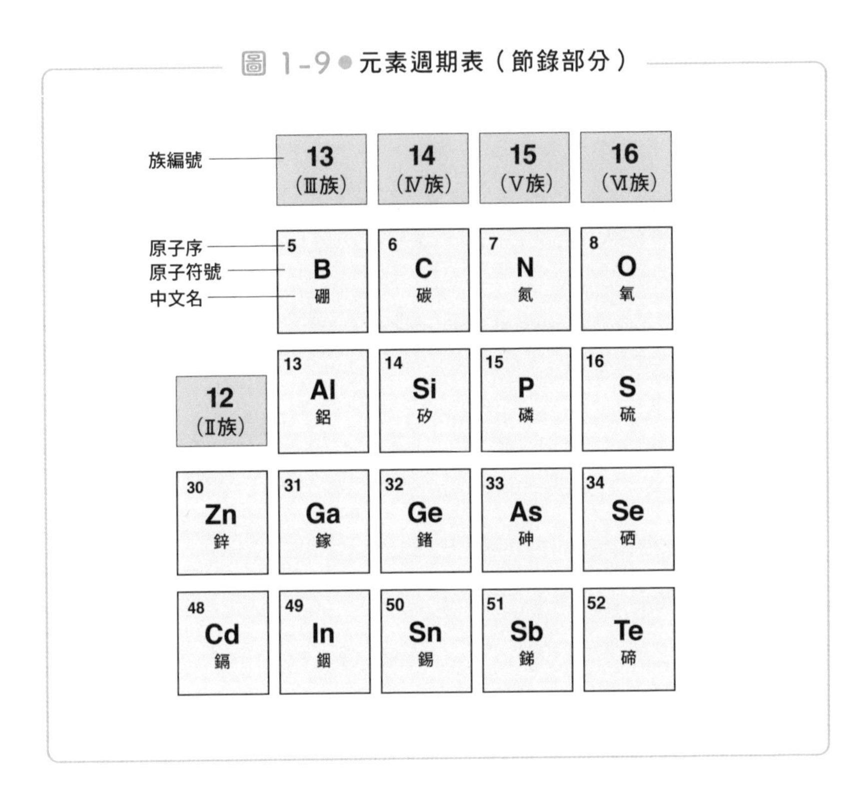

族。本書中，2種表記方式都會用到。

Ge與Si都屬於14族（Ⅳ族）元素。而14族元素的最外層（參考第57頁的專欄）電子數為4個。圖1－10列出了Ge與Si的電子組態，最外層軌域含有4個電子。

在14族（Ⅳ族）元素中，Ge的下一個是錫（Sn）。不過Sn在常溫常壓下為金屬，一般不會將其視為半導體。

由於這個最外層電子軌道可以容納8個電子，所以還有4個電子的空位（圖1－11(a)）。這4個空位可以讓Ge與Si從相鄰的4個原子分別獲得1個電子，以填滿空位。這麼一來，原子間就會形成堅固的鍵結（**共價鍵**），使其能用於製作結晶（圖1－11(b)）。這點Si與Ge也是

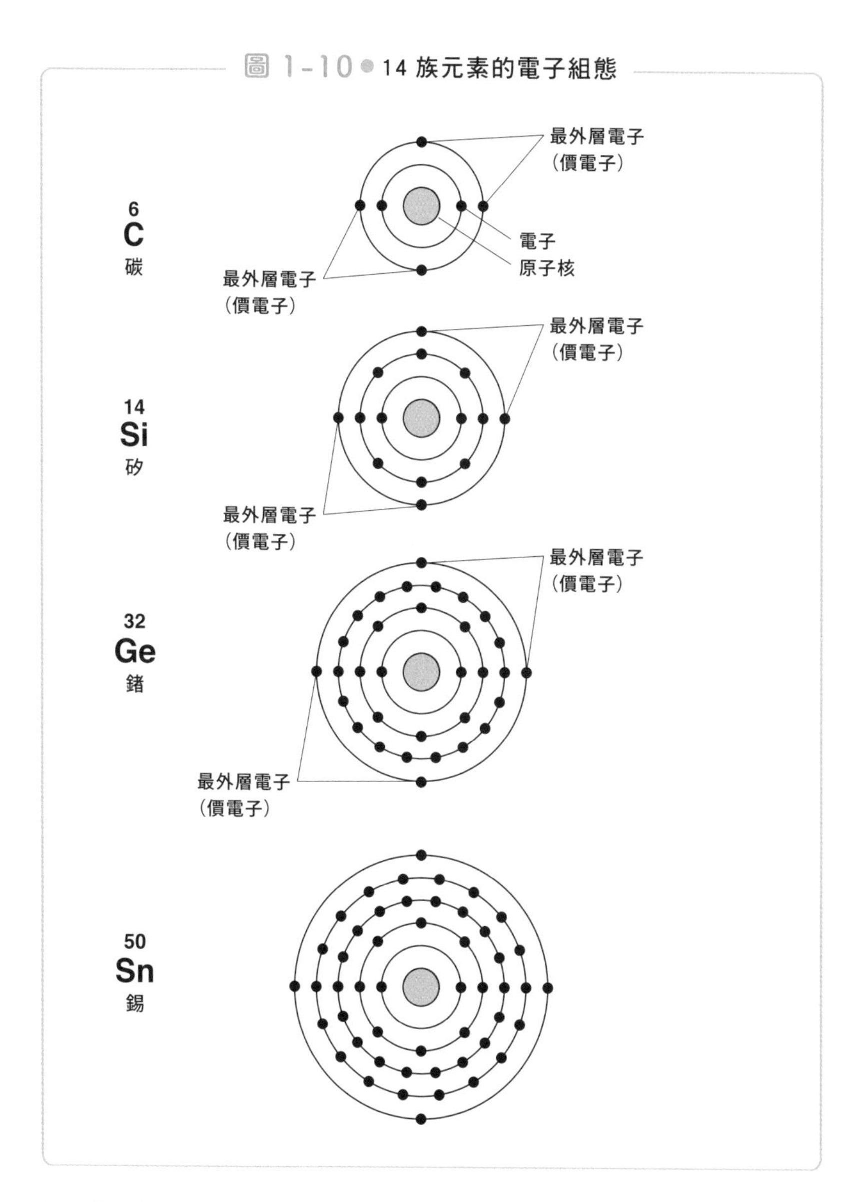

圖1-10 14族元素的電子組態

相同的情況。

為了方便理解，圖1－11將結構畫成了二維平面的樣子，但分子實際上為三維立體結構。如圖1－12所示，位於正四面體中心的原子，分別與位於4個頂點的原子以共價鍵結合。

圖 1-11 ● 矽（Si）電子的共價鍵

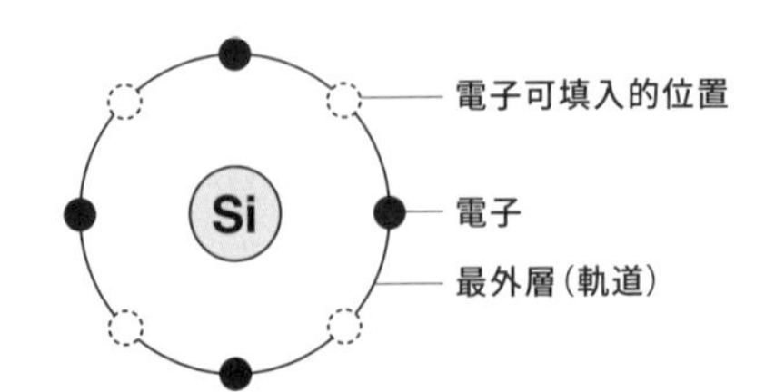

(a) 矽原子的最外層電子為4個

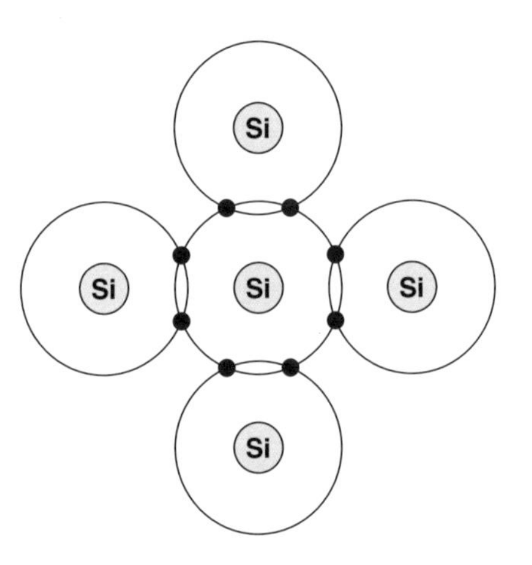

(b) 矽原子與4個相鄰原子之間，
以共用電子的方式形成閉殼結構

Si或Ge的結晶就是由這種正四面體狀的結構層層堆疊而成的巨大分子，這種結晶結構與鑽石相同，故也稱為**鑽石結構**（參考第51頁的圖1－19）。

圖 1-12 ● 矽（Si）電子的共價鍵

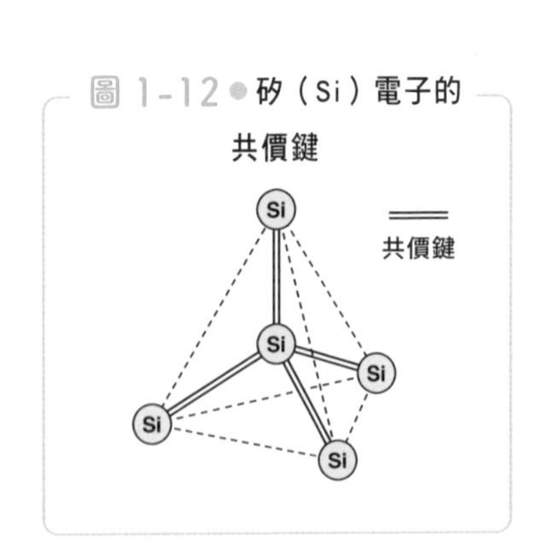

圖1－11的結晶結構中，所有電子都被用於原子間的鍵結，不

多不少。結晶內沒有多餘空間讓電子移動，所以也無法通電。如第30頁所述，高純度的半導體幾乎無法通電，原因便是如此。

不過，當溫度上升時，原子可獲得更多熱能，於是部分原子間的鍵結會斷開，使電子飛出，在結晶內自由移動（自由電子），如圖1－13所示。

此時，帶負電之電子原本所在的位置會留下一個洞，可視為一個帶正電的洞，稱為「**電洞**（hole）」。

這個電洞會從旁邊的原子搶奪電子，於是電洞就會轉移到旁邊的原子。電洞可以用這種方式在結晶內自由移動。所以溫度愈高時，半導體內的自由電子與電洞的數目也會跟著增加，使電流更容易通過，電導率上升，如第30頁的圖1－5所示。

表1－1為Si與Ge的原子間鍵結強度，可以看出Si的原子間鍵結比Ge還要強。做為參考，表中也列出了鑽石（C）的情況，可以看出鑽

圖 1-13 ● 矽晶內的自由電子

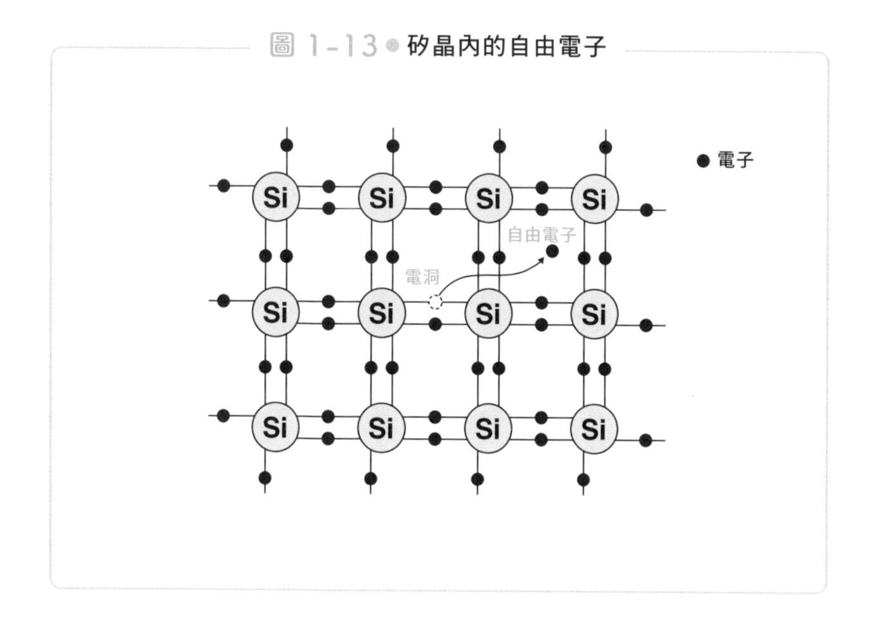

石的原子間鍵結非常強，這也是為什麼鑽石非常堅固。

表 1-1 ● 鍵能比較

原子間鍵結	鍵能(kcal/mol)
C－C (鑽石)	83
Si－Si	53
Ge－Ge	40

對半導體而言，**能隙**Eg這個與鍵結強度有關的參數十分重要。

能隙可以想成是斷開鍵結，使電子離開原子，在結晶內自由移動，成為自由電子時所需要的能量。也就是說，鍵結愈強，能隙就愈大。

表1－2列出了Ge、Si、C（鑽石）的能隙數值。由此表可以看出，Ge的能隙較小，鍵結較弱，溫度上升時，熱能會讓Ge產生許多自由電子。因此Ge電晶體在溫度超過70℃時，會因為自由電子過多而無法正常運作。

表 1-2 ● Ⅳ族原子的能隙

元素	能隙Eg(eV)
C (鑽石)	5.47
Si	1.12
Ge	0.66

單位為eV（電子伏特）
1個電子在1V電位下獲得的能量

相較於此，Si的能隙比較大，較不容易產生自由電子，故Si半導體元件在125℃左右還是能正常運作。

鑽石的能隙非常大，鍵結相當強。由此可知，室溫下幾乎不會產生自由電子，為絕緣體（參考圖1－4）。

半導體中的自由電子與電洞為「電的運送者」，稱為**載子**。Si或Ge的結晶中，每$1cm^3$有約5×10^{22}個原子。室溫下，$1cm^3$的Si可以產生1.5×10^{10}個自由電子與電洞，$1cm^3$的Ge則可產生2.4×10^{13}個。在這樣的載子（自由電子與電洞）數下，Si的電阻率約為$2.3\times10^3\,\Omega\cdot m$，Ge的電阻率約為$0.5\,\Omega\cdot m$。

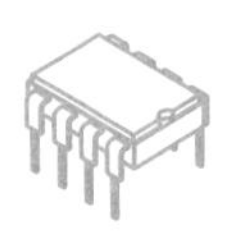

半導體可分為n型與p型

── 由摻雜了哪種物質決定

在高純度的半導體結晶中，加入極微量的某種15族（V族）元素（磷（P）、砷（As）、銻（Sb）等）**雜質**（這個步驟叫做**摻雜**），會發生什麼事呢？

這裡說的摻雜，並非單純將雜質混入半導體內，而是讓雜質原子置換掉Si（或Ge）結晶內的原子。

之所以說是「極微量」，是因為與Si（或Ge）結晶的原子數相比，雜質原子僅有數十萬分之一至百萬分之一的程度。將如此微量的雜質加入結晶，也不會影響到結晶的結構。

15族（V族）原子（磷（P）、砷（As）等）的最外層電子軌道有5個電子（圖1－14(a)）。因此，如果將P摻雜進Si並結晶化後，P會取代一部分的Si原子，如圖1－14(b)所示。此時，由於P原子最外層軌道有5個電子，所以會多出1個電子。

這個多出來的電子與原子間的鍵結相當微弱，故會變成自由電子，能夠在結晶內四處移動。帶負電的電子會成為載子，因此這種半導體就叫做「**n型半導體**」（n為negative（負電）的意思），可讓電流輕易通過。

同樣的，我們也可在半導體中摻雜某種13族（Ⅲ族）元素（硼（B）、銦（In）等）。13族（Ⅲ族）元素的最外層電子軌道有3個電子

圖 1-14 ● 摻雜 15 族（V族）元素後，會成為 n 型半導體

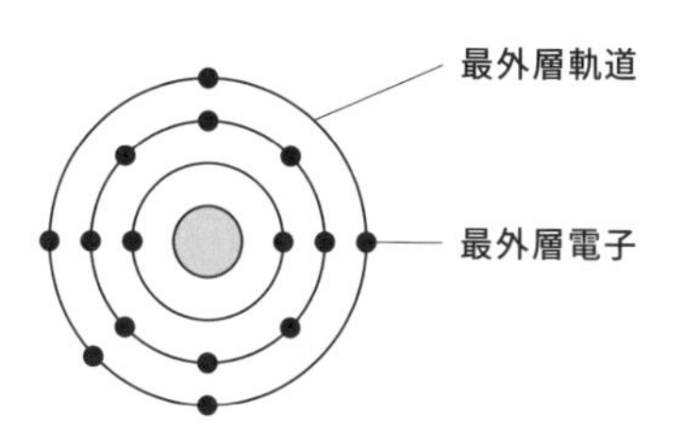

(a) 磷 (P) 原子的電子組態

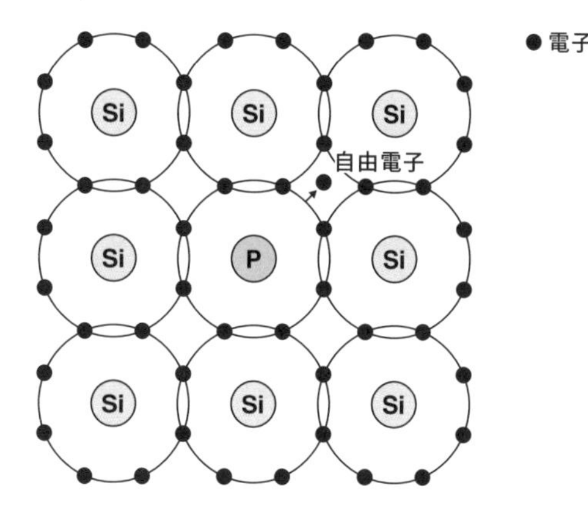

(b) 磷 (P) 與摻雜後的n型半導體

（圖1－15(a)）。因此，如果將B摻雜進Si並結晶化後，B會取代一部分的Si原子，如圖1－15(b)所示。不過，由於B原子的最外層只有3個電子，少了1個電子，故會留下1個空位，形成電洞。

這種帶有正電的洞也屬於載子，可讓電流輕易通過半導體，而這種半導體就叫做「**p型半導體**」（p為positive（正電）的意思）。

為了讓電流容易通過，用於摻雜的13族（Ⅲ族）或15族（V族）元素的原子必須完美地置換掉原本的Si或Ge原子，形成漂亮的結晶。並非所有元素都能摻雜進半導體。

圖 1-15 ● 摻雜 13 族（Ⅲ族）元素後，會成為 p 型半導體

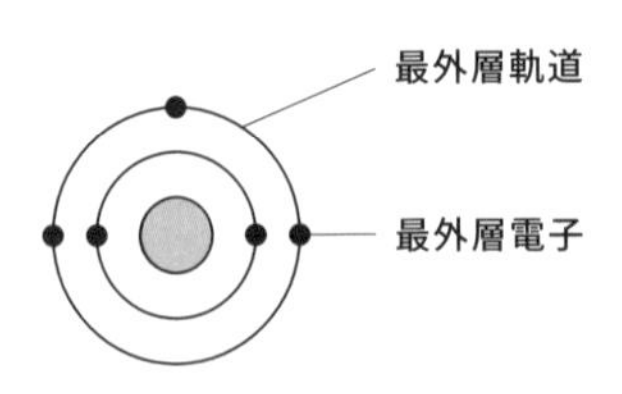

(a) 硼(B)原子的電子組態

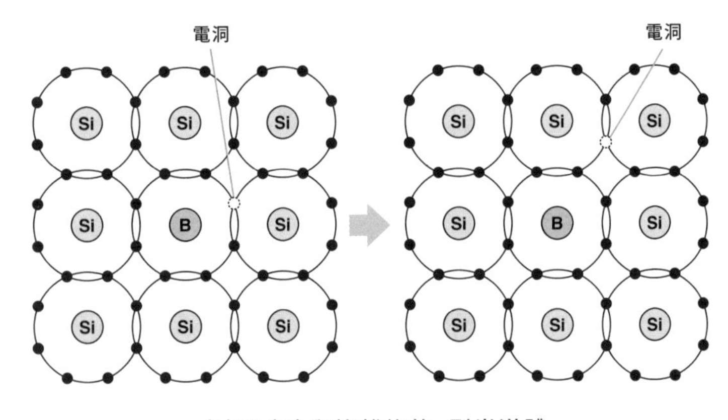

(b) 硼(B)與摻雜後的p型半導體

摻雜時，需讓每1cm^{3}的半導體含有10^{15}到10^{16}個雜質原子，最多不能超過10^{18}個（超過10^{18}個的話就會變成導體）。在完全不含雜質的本質半導體中，每1cm^{3}約含有5×10^{22}個原子。摻雜之後，扮演著重要角色的雜質元素，數目比這個數字少了6～7位數，所以摻雜時使用的半導體必須精製成超高純度的「eleven nine」結晶，充分去除多餘雜質才行。

n型半導體與p型半導體的載子數與摻雜時的雜質元素數目相同。n型半導體的載子為電子，p型半導體的載子則是電洞。

不過，無論是n型還是p型，都會因為溫度的熱能而產生成對的電子與電洞，它們也是載子。然而它們的數量遠低於摻雜進來的雜質，故並非主要載子。因此，n型半導體的載子大部分是電子，少部分是電洞；p型半導體則大部分是電洞，少部分是電子。

若將n型半導體與p型半導體以特定方式組合起來，可以得到電晶體等各式各樣的半導體元件。

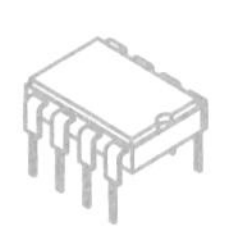

由p型與n型半導體結合而成的二極體

——製成整流器或檢波器

前面提到，半導體包含了p型與n型半導體。但如果只有p型半導體或n型半導體的話，什麼都做不到。必須將p型與n型半導體接合在一起，才能實現特定功能。

這裡說的「**接合**」（或接面）指的是「物理上的相連」，但並不是單純把2個半導體壓在一起，也不是用接著劑黏合在一起就好了，而是要具備使p型區域與n型區域連續分布在同一個結晶中的條件，如圖1－16(a)所示。

p型區域與n型區域的連接部分稱為**pn接面**。p型半導體與n型半導體接合在一起後，便可得到最基本的半導體元件（**pn接面**）**二極體**。

p型半導體內有帶正電的電洞自由移動，n型半導體內有帶負電的電子自由移動。看到這裡，可能有人會覺得自由電子與電洞會跨過二極體的接面，侵人另一側的區域，使正負電彼此抵消歸零。不過，**實際上的接合面有著電位障壁，無論是電洞或者是電子都無法跨越這個障壁自由往來**。

假設我們在p型端施加正電壓，n型端施加負電壓，如圖1－16(b上)所示，這種狀態叫做**順向偏壓**。此時p型半導體的電洞載子會往負

圖 1-16 ● pn 接面二極體的結構與運作

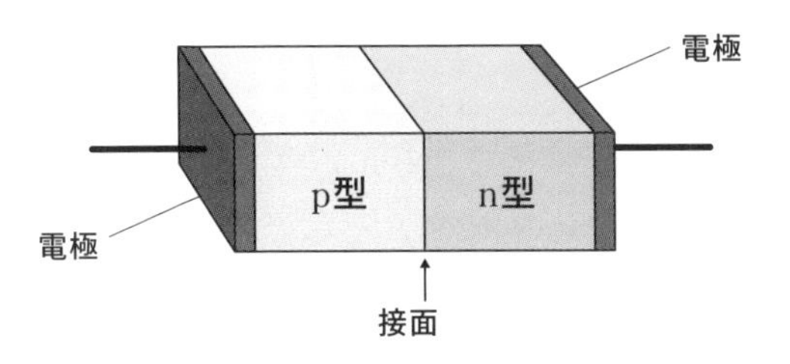

(a) pn接面二極體

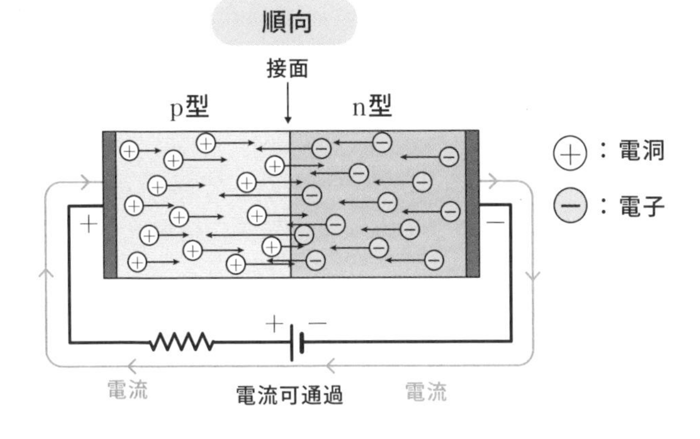

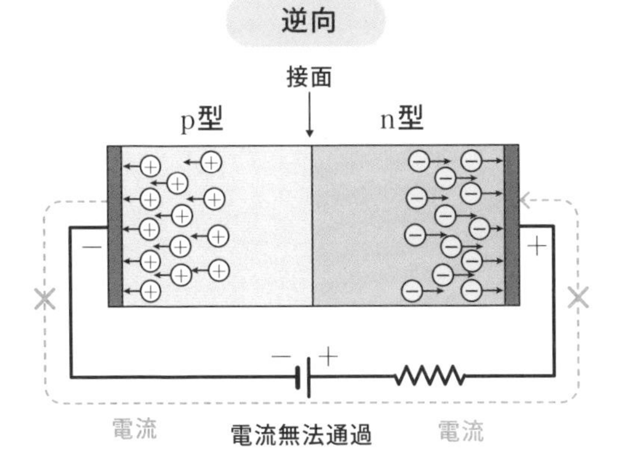

(b) pn二極體的運作

極方向移動，並跨過接面；n型半導體的電子載子則會往正極方向移動。於是，電流便會從p型半導體流往n型半導體。

相對的，如果在p型端施加負電壓，n型端施加正電壓，如圖1－16(b下)所示，這種狀態叫做**逆向偏壓**。此時p型半導體的電洞會往負極方向移動，n型半導體的電子則會往正極方向移動。因此，使接面附近形成載子量很少的「絕緣區域」，電流無法通過。

圖1－17說明了二極體的電壓電流特性，電壓（橫軸）的正向代表順向偏壓，負向代表逆向偏壓。當順向偏壓的電壓超過0.4～0.7伏特時，就會開始產生大量電流，這是跨越pn接面電位障壁所需要的電壓。

另一方面，如果是逆向偏壓的話，只要電壓仍在一定範圍內，就不會產生電流。不過如果電壓超過某個數值，就會產生所謂的逆向崩潰現

圖 1-17 ● pn 接面二極體的電壓、電流特性

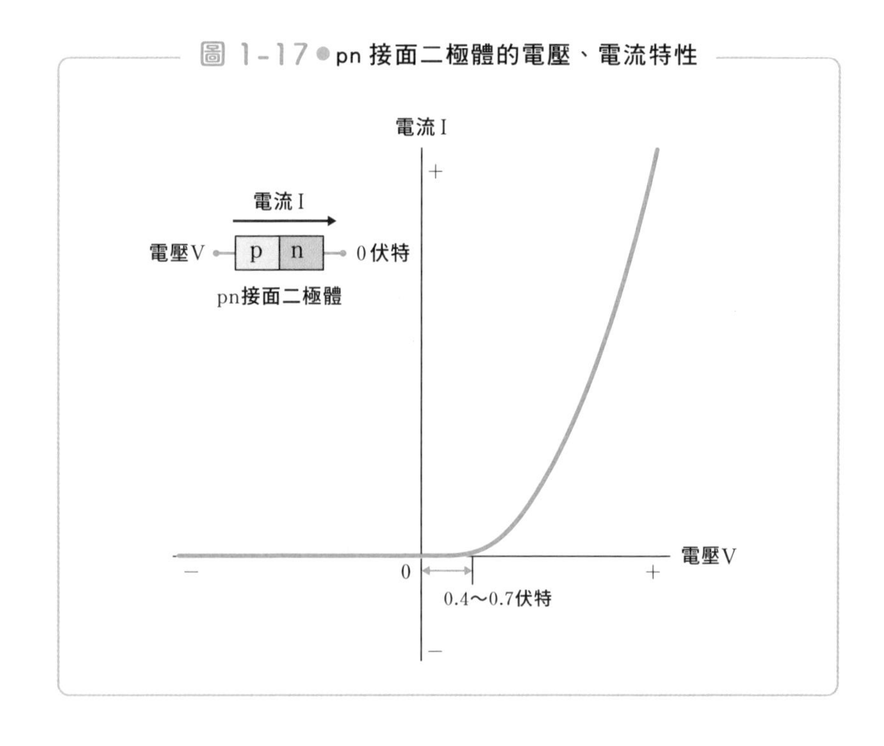

象，此時會突然產生大量電流。

因為二極體擁有整流作用，故可用於製作將交流電轉變成直流電的整流器，以及從無線電波中抽取出訊號的檢波器。

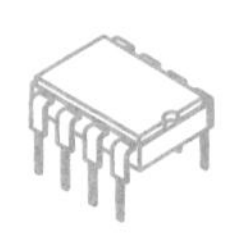

鑽石是半導體嗎？

── 或許能製成究極的半導體

元素週期表（第36頁的圖1－9）內，矽（Si）與鍺（Ge）所在的14族（Ⅳ族）元素中，最上方的元素為碳（C）。碳的最外層電子軌道中有4個電子（參考第37頁的圖1－10），與Si與Ge一樣有4個空位。

自古以來，人們便會使用木炭，而碳就是木炭的主要元素。碳的代表性單質（由單一元素之原子構成的物質）包括石墨與鑽石，它們互為同素異形體。後來還發現了多種碳的同素異形體，包括富勒烯與奈米碳管等。

石墨中的碳原子排成了正六邊形，再組成平面狀結構（圖1－18）。平面與平面之間以相對較弱的分子間力結合，具有容易彼此分離的性質。另外，石墨也有著容易導電的特徵（參考第29頁的圖1－4）。這是因為碳原子最外層有4個電子，但只有3個電子用於與相鄰碳原子形成共價鍵，剩下的1個電子不形成鍵結，而是以自由電子的形式四處遊走。

另一方面，鑽石是由碳原子以正四面體形式堆疊而成的巨大分子，如圖1－19所示。4個最外層電子皆以共價鍵與相鄰原子結合。

圖 1-18 ● 石墨的結晶結構

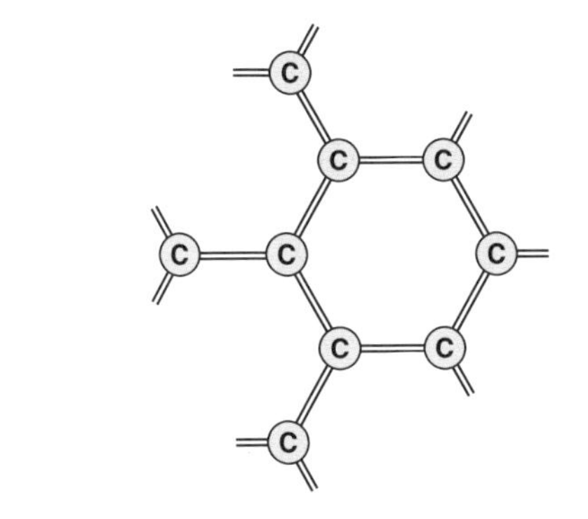

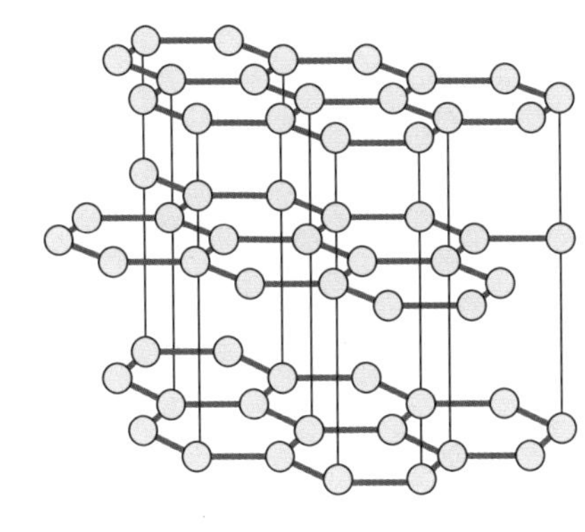

圖 1-19 ● 鑽石結構

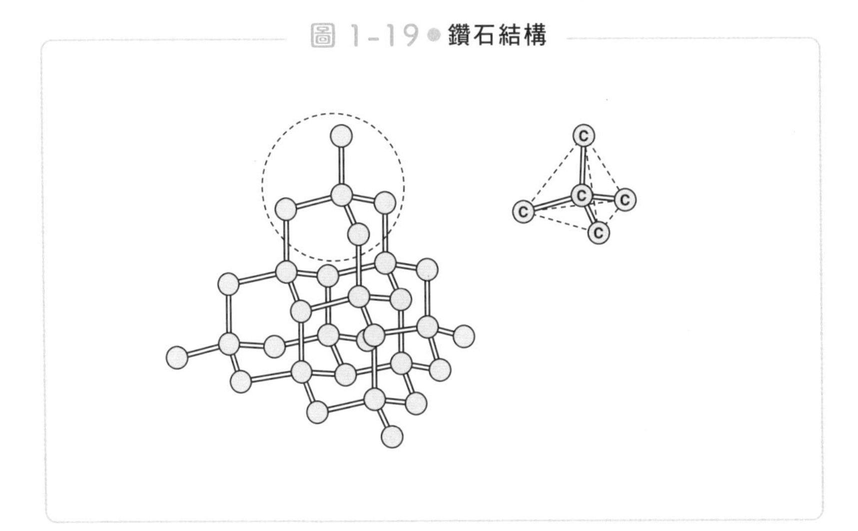

這張圖中的正四面體結構，與第38頁圖1－12的Si與Ge的結晶結構完全相同，都稱為鑽石結構。由此可知，鑽石也具有用於製作半導體的可能性。不過，就像第40頁表1－2中所看到的，**碳的原子間鍵結相當堅固，能隙相當大，室溫下幾乎不會產生自由電子。因此，鑽石在一般環境下是絕緣體**。

然而，天然鑽石中含有極微量的硼（B）。如同我們在第43頁中提到的，這樣的鑽石有著p型半導體的性質。同樣的，如果將磷（P）摻雜進鑽石內，則可得到n型半導體。

不過，鑽石是相當堅固的結晶，要在不破壞鑽石晶格的情況下摻雜進其他元素，是相當困難的工作。

與其他半導體相比，鑽石半導體擁有相當優秀的性質。能隙較大（可耐高溫、高電壓）、絕緣崩潰電壓為矽的約30倍（可使用高電壓）、導熱率為矽的約13倍（易散熱），是非常優秀的材料，甚至可以說是究極的半導體。

但是，要製作大型高品質的鑽石單晶基板是十分困難的工作，和實用化還有一段距離。

另一方面，Si（矽）與C（碳）原子以1比1的比例構成的**SiC**（碳化矽）操作起來比鑽石還要方便，也具備了一定程度的鑽石優點。

因此，在需要耐高溫、耐高電壓的功率半導體元件領域中，SiC半導體的應用愈來愈廣。

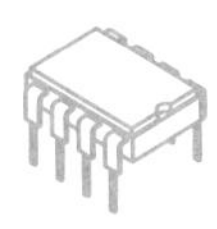

也存在化合物半導體

—— 用以製成高速電晶體與LED

前面我們說明了由鍺（Ge）及矽（Si）等14族（Ⅳ族）元素構成的單質半導體。不過，除了單質半導體之外，還存在著由多種元素組合而成的化合物半導體。前頁提到的SiC（碳化矽）就是一種**化合物半導體**。

讓我們回顧一下第36頁圖1－9的元素週期表。

若13族（Ⅲ族）的鎵（Ga）與15族（Ⅴ族）的砷（As）以一對一方式組合成結晶，那麼Ga最外層的3個電子，以及As最外層的5個電子便會以圖1－20的方式結合，使8個電子填滿所有電子軌道。這種半導體稱為**GaAs**化合物半導體。

週期表中，Ge前後的Ga與As原本都不是半導體，但經過化合、結晶後，便會形成化合物半導體。

化合物半導體不是由單一元素組成，而是由多種元素組合而成的半導體。但也不是任何元素的組合都能形成半導體，只有當原子形成共價鍵的方式與14族（Ⅳ族）的單質半導體相同，且鍵結後外側軌道的電子組態也相同，才能形成半導體。

因此，元素的組合是固定的。每種元素的最外層電子數的和必須為8，故只有最外層電子數為4與4、3與5、2與6的元素組合可形成半導

圖 1-20 ● GaAs 的結晶結構

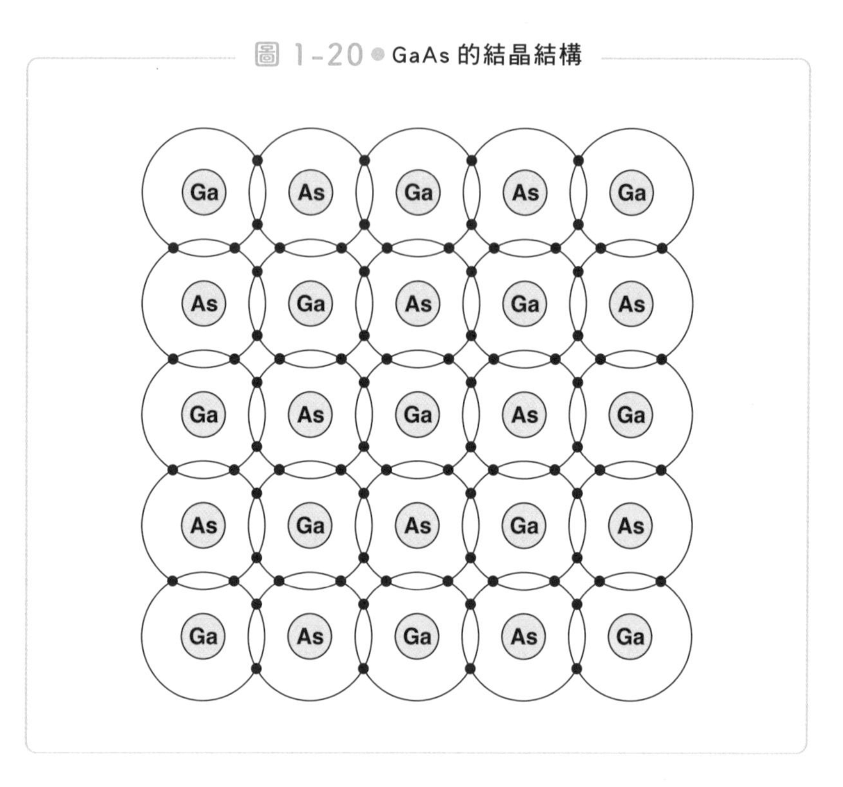

體。換言之，只有元素週期表中的14族（Ⅳ族）與14族（Ⅳ族）、13族（Ⅲ族）與15族（Ⅴ族）、12族（Ⅱ族）與16族（Ⅵ族）的元素組合可形成半導體。

上面提到的GaAs就是Ⅲ族與Ⅴ族的元素組合，稱為Ⅲ－Ⅴ族化合物半導體。Ⅱ－Ⅵ族半導體則有**ZnSe**（硒化鋅）這個例子。

除此之外，半導體不只可由2種元素的化合物構成，也有由3種或4種元素組合而成的化合物半導體。

譬如，AlGaAs就是由3種元素構成的化合物半導體，Al與Ga同為13族（Ⅲ族）元素，故屬於Ⅲ－Ⅴ族化合物半導體。如果改變Al與Ga的混合比例，就能製造出電性質略有不同的半導體，故可依照目的及用途製備出所需性質的半導體。

若要使用2種以上的元素製造半導體，必須先製造出能夠穩定存在、穩定運作的結晶。

圖1-21 ● 化合物半導體的例子

圖1－21列出了數種化合物半導體的例子。

一般來說，我們很難用化合物半導體來製造高品質的結晶，並且有成本較高的問題，不過，化合物半導體有著過去的Ge與Si半導體所沒有的優異特徵。

①可高速、高頻率運作

可製造出電子移動速度（電子移動率）較高的半導體結晶。舉例來說，代表性的化合物半導體GaAs的電子移動率為矽的約5倍，可用以製作高速、高頻率的電晶體。

②發光現象

對半導體施加電壓後可發出光芒，稱為發光現象，但不是所有半導體的發光效率都很高。事實上，Si與Ge就很難發光。相對於此，化合物半導體的發光效率通常較高，可用於製作**發光二極體**（**LED**）或**半導體雷射**。

③高耐熱性、高耐電壓性

Ge與Si等半導體不耐高溫、高電壓。不過，GaN（氮化鎵）等**能隙較大的化合物半導體，可耐高溫、耐高電壓，可在大功率下運作**。因而可做為功率元件的材料。

④磁場特性

在通有電流的物質上施加磁場後，在與電流及磁場垂直的方向上，會產生電壓，稱為**霍爾效應**。這種效應可用於製作磁場測量計或電場測量計。而化合物半導體的這種現象相當顯著，故可運用GaAs等化合物半導體的霍爾效應，製作測量用的元件。

半導體之窗

原子的結構

原子由「**原子核**」及其周圍的「**電子**」構成。原子核由質子及中子構成，電子數目則由元素種類決定。

請看第36頁圖1－9，週期表中各個元素方框的左上方寫有數字。這個數字是「**原子序**」，並與該元素的電子數相同（也與原子核內的質子數相同）。

電子只能在特定的軌道上公轉，無法移動到其他地方。電子軌道位於原子核周圍，可分成許多層，稱為「**電子殼層**」。

電子殼層如圖1－A所示，由距離原子核最近的電子殼層開始算起，可以分成K層、L層、M層、N層……也就是用K以後的字母為電子殼層命名。每個殼層內可填入電子的「空位」為固定數目。K層有2個空位，L層有8個空位，M層有18個空位，N層則有32個空位。

電子會從最內側的殼層開始填入，最內側殼層填滿後，再往外填入下一個殼層。

圖1-A ● 原子的結構

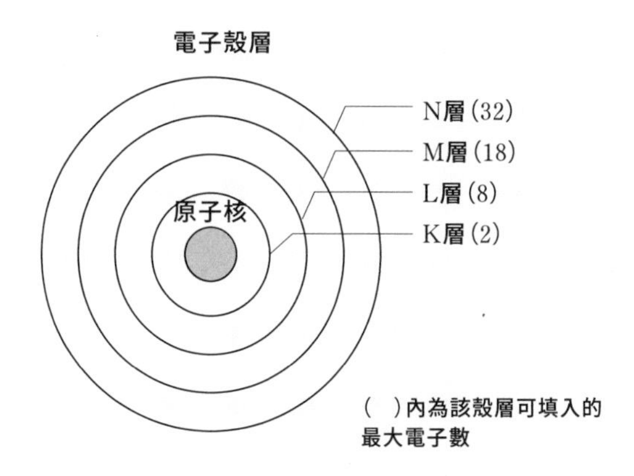

當所有電子都填入後，位於原子最外殼層（最外層）的電子，就會用來與其他原子結合。因此，**最外層的電子數，代表了該原子的科學性質**。換言之，化學反應指的是最外層電子的交流。這些與化學反應有關的最外層電子，叫做「**價電子**」。

圖1－A只列出了各個電子殼層，但實際上，殼層內有許多電子軌道，從最內側起，軌道的名稱分別以s、p、d、f等符號表示。每個軌道可以容納的最大電子數（空位數）也各有不同。依殼層的不同，這些軌道可分別寫為1s、2s、2p、3s、3p、3d……等。

以本書中常提到的矽（Si）為例，矽有14個電子，由最內側的軌道開始填入，分別會在K層的s軌道（1s）填入2個電子，L層的s軌道（2s）填入2個、p軌道（2p）填入6個電子，M層的s軌道（3s）填入2個、p軌道（3p）填入2個電子，可表記成「$1s^2 2s^2 2p^6 3s^2 3p^2$」。由這個表記方式就可以馬上看出各原子的電子分別填入了哪些軌道。

如何製作電晶體

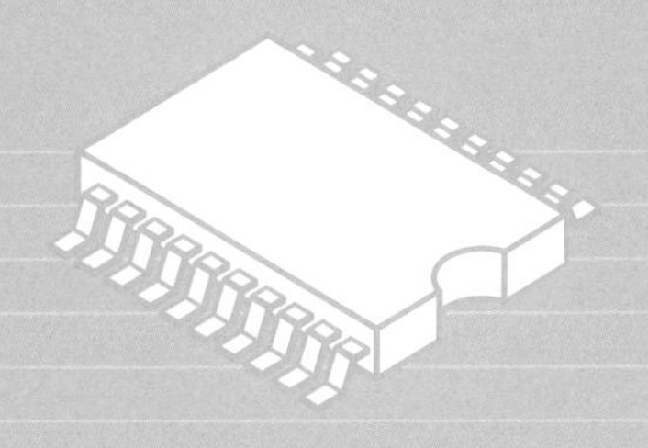

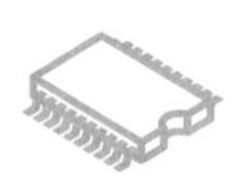

發明電晶體的3個男人

——肖克利、巴丁、布拉頓與率領他們的凱利等人的貢獻

美國的「貝爾電話實驗室」（BTL：Bell Telephone Laboratories，也稱為「貝爾實驗室」）是世界上最大的通訊領域實驗室。許多諾貝爾獎得主都是誕生自這個偉大的實驗室。

發明電話的亞歷山大・格雷姆・貝爾（Alexander Graham Bell）成立了電話公司「美國電話與電報公司」（AT&T：American Telephone and Telegraph Company）。貝爾實驗室便位於其旗下，並與通訊機器製造商「西部電器」（WE：Western Electric）組成了巨大的企業集團（圖2－1）。

第二次世界大戰前夕的1935年左右，電話的需求急速增加，於是貝爾實驗室的真空管研究部長凱利（M. J. Kelly）便思考該如何在全美鋪設電話網路。

如果用電纜輸送電話的聲音訊號，這種訊號會逐漸衰減，最後弱到讓人聽不見聲音。因此，訊號傳輸途徑上必須設置放大器，增強訊號到恢復原本的強度。這種放大器便是以**真空管**製作。若要覆蓋廣大的美洲大陸，就需要相當大量的放大器才行，所以在真空管數量上的需求也相當龐大。

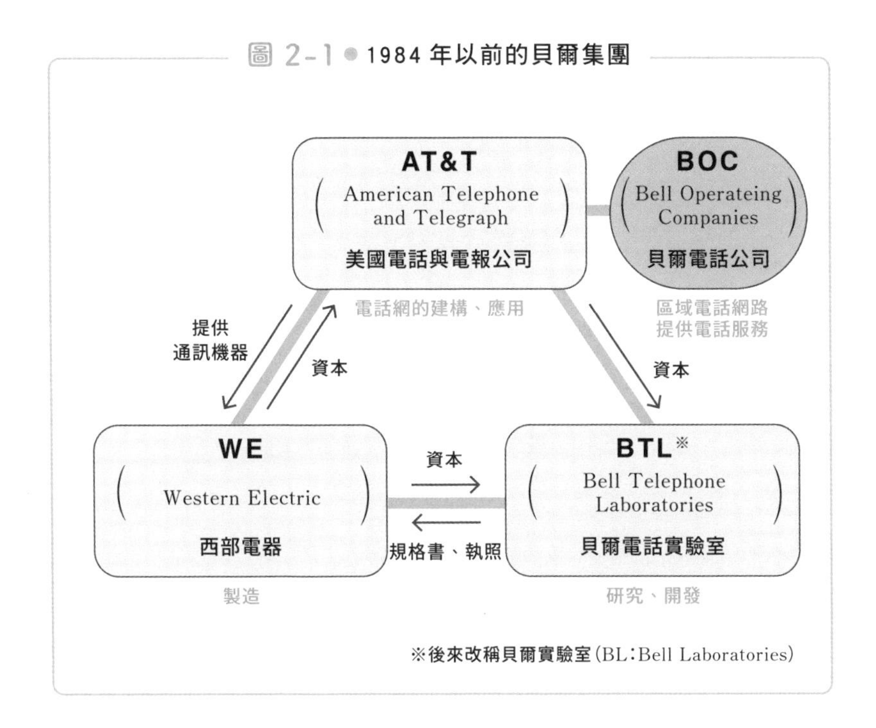

真空管有不少缺點，最大的缺點就是壽命很短。真空管內有燈絲，運作時需以電力加熱。燈絲斷掉的話，就必須更換真空管才行。一般家庭所使用的白熾熱燈，在使用很長一段時間後燈絲也會斷掉，真空管也是如此。

當時真空管的壽命平均約為3000小時（4個月），最長也不會超過5000小時（7個月）。這表示一年到頭都必須一直更換真空管才行。另外，真空管加熱燈絲時需消耗相當大的電力，這也是其一大缺點。由於需使用大量的真空管，故耗電量也會跟著暴增；再加上真空管的體積龐大，所以存放地點也是個問題。

凱利認為，若要建構一個可覆蓋美國全土的高性能電話網路，就不能使用真空管。

也就是說，必須發明一種與真空管截然不同的新型放大器才行。於是，他們的具體目標就是運用半導體，開發出與真空管一樣可以放大訊號的裝置。

凱利是真空管研究部長。他原本的工作應該是研究、開發高性能的真空管才對。不過，凱利認知到自己負責的真空管沒有未來，真空管的時代已經到了盡頭，我們需要的是可以取代真空管的新型半導體元件。他的這個信念，可說是相當偉大的先見之明。

於是凱利開始尋找適合進行這項開發的研究者。他找到了剛於美國MIT（麻省理工學院）取得博士學位的肖克利（W. B. Shockley）。貝爾實驗室於1936年時雇用肖克利，聘請他為半導體放大器開發主任。當時凱利對肖克利這麼說：「忘記真空管吧，專心去研究半導體放大器，不管花幾年都可以。」全權放手交給肖克利去做，不去干涉任何瑣碎事務。

不過，研究團隊進行了許多次實驗，仍舊無法製作出半導體放大器，即使耗費不少工夫，還是一直失敗。半導體放大器（電晶體）一直到了第二次世界大戰後的1947年年末才做了出來。從固態放大器的計畫啟動開始，足足花費12年才做出成品。

在1947年的某一天，肖克利召集了研究團隊，請所有人自由發表意見，談談為什麼會失敗那麼多次。其中一位成員，理論物理學家巴丁（J. Bardeen）闡述了他的想法。

巴丁平時是一位沉著有禮、很少說話的文靜男子，這次則在肖克利的追問之下，提出了這樣的建議。「雖然半導體的研究已經有了十足的進步，但我們仍不了解半導體的表面到底發生了什麼事。然而，我們幾乎都是針對半導體表面做實驗不是嗎？那麼要不要先試著研究看看半導體的表面呢？」。

後來肖克利回憶「那時巴丁說的話，可以說是我一生中聽過最棒的建議」。巴丁提出了與結晶表面有關的假說，而負責驗證的則是擅長做實驗的布拉頓（W. H. Brattain）。

該年的12月17日，巴丁與布拉頓打造了圖2－2般的裝置，進行實驗。首先在n型的鍺結晶薄片上，如圖所示施加有極性的電壓。然後，在表面放上2根金屬針，並使其接觸，測量電流的流動方式。

實驗過程中，他們偶然在左側的針E施加正電壓，產生小小的電流，卻發現此時右側的針C會產生很大的電流。也就是說，他們發現了電流的放大現象。

接著他們試著讓小型電流訊號通過針E，確認到針C會產生較大的電流訊號。**也就是說，他們確實用半導體結晶做出了放大器。**雖然他們兩人此時並沒有想要製作出放大器，卻在研究半導體表面時，偶然發現了電流放大現象。這就是電晶體誕生的經過。

圖 2-2 ● 確認電流放大作用的實驗

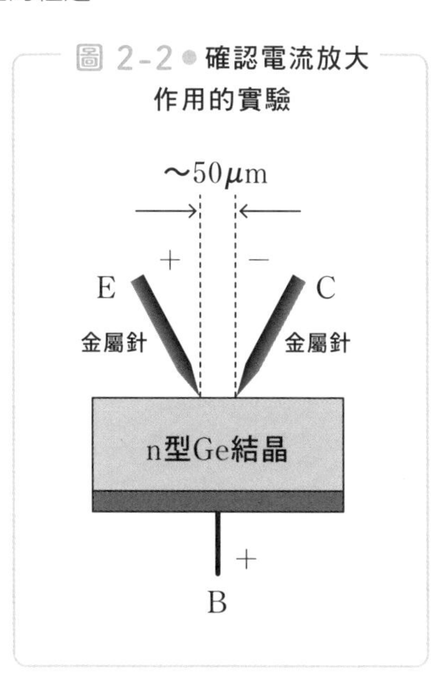

許多偉大發明或偉大發現，都是在偶然之下促成。如上所述，電晶體的發明也伴隨著偶然。但這卻是抱持著製作半導體放大器的理念之下，偶然誕生的結果。

關於這件事，肖克利說明「電晶體的發明、放大現象的發現，都是在井井有條的研究管理下，偶然誕生的結果」。肖克利、巴丁、布拉頓等3人（照片2－1）因為發明了電晶體，而在1956年獲得了諾貝爾物理學獎。

另外，推動電晶體開發工作的凱利自己雖然沒有參與實驗，但沒有他的話就無法製造出電晶體，所以他也被尊稱為「電晶體之父」（英語為Spiritual father）。

照片2－1　左起為巴丁、肖克利、布拉頓

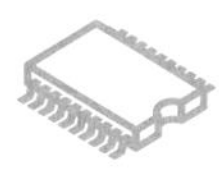

電晶體的運作原理

── 肖克利發明的接面型電晶體

如前節說明所示，發明電晶體的是肖克利、巴丁、布拉頓等3人。不過，首先在實驗中發現放大現象的是巴丁與布拉頓這2位，肖克利則因要事外出，不在實驗現場。

或許是因為覺得錯過這個瞬間實在太遺憾，於是肖克利從隔天開始，便把自己關在房間內研究電晶體運作原理的理論，僅花費1個月便完成了理論。還基於這個理論，提議製作與之前的實驗成品擁有不同結構的「接面型」電晶體。

肖克利將這個時期的研究成果整理成論文發表，並於1950年時，以《Electrons and Holes in Semiconductors》為題出版了書籍。對日本的半導體研究員、技術員來說，這本書可以說是聖經。

肖克利發明的**接面型電晶體**是以三明治狀接合在一起的電晶體，包括p型—n型—p型以及n型—p型—n型等，如圖2－3(a)所示。相較於此，最初的實驗所製造出來的電晶體如第63頁的圖2－2所示，是讓2根金屬針在半導體上彼此接觸，又稱為點接觸型電晶體。

若要讓接面型電晶體發揮充分的放大作用，**需要使射極區域的雜質濃度，比集極區域與基極區域的雜質濃度還要高才行，這點十分重要**（圖2－3(b)）。

具體來說，在集極區域與基極區域中，每1cm^{3}約有10^{15}個雜質原子；在射極區域中，每1cm^{3}約有10^{17}個雜質原子，是前者的100倍。鍺（Ge）或矽（Si）的結晶中，每1cm^{3}約有5×10^{22}個原子，所以集極區域與基極區域的雜質濃度約為1000萬分之1，射極區域的雜質濃度則約為10萬分之1。

圖 2-3 ● 接面型電晶體

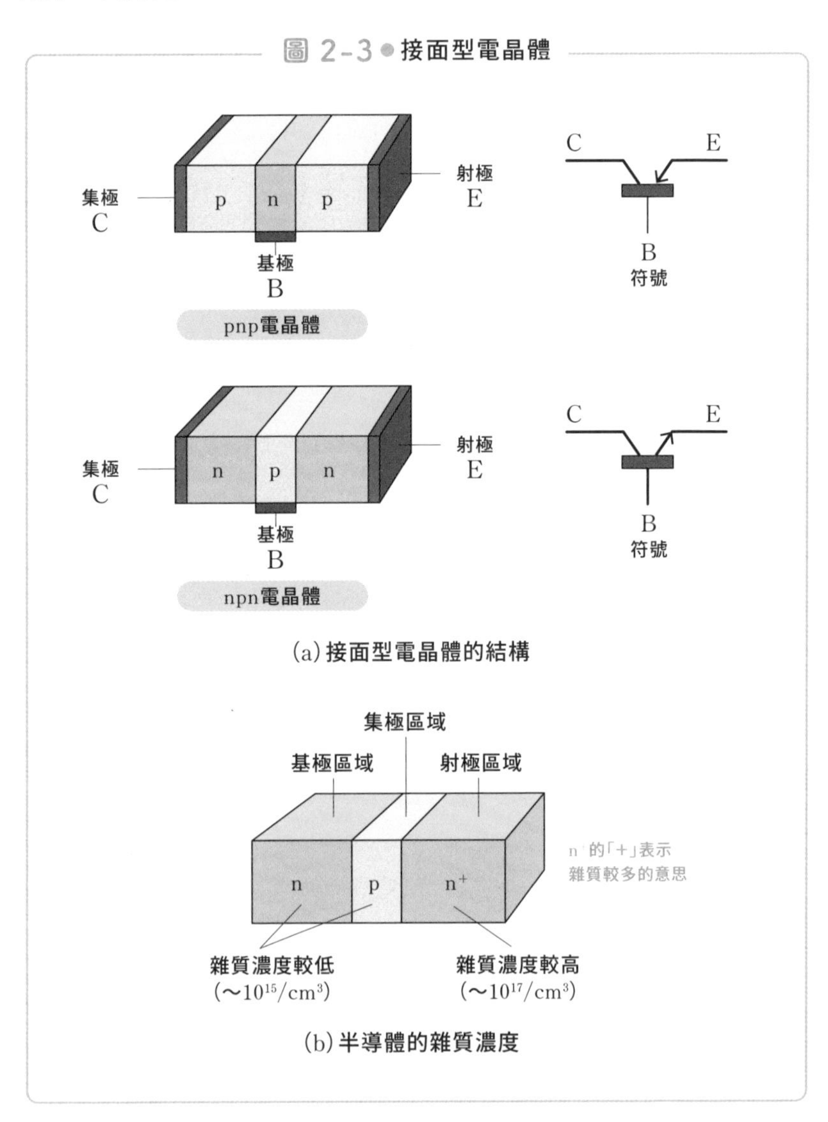

(a)接面型電晶體的結構

(b)半導體的雜質濃度

這裡就讓我們試著用接面型電晶體，說明電晶體的運作原理吧。

圖2－4為npn接面型電晶體的運作原理示意圖，正中間的p型區域為基極（B），兩端的n型區域分別為集極（C）與射極（E）。這裡將射極接地（V_E＝0），並對集極施加正電壓（V_C≧0）。

若在基極施加正電壓（V_B，其中V_C≧V_B≧0），那麼基極、射極之間會產生順向偏壓，故基極會有電流（I_B）通過。也就是說，射極區域的n型半導體內，做為多數載子的電子，會被基極的正電壓吸引過去，往基極區域移動，產生基極電流。**假設基極區域非常窄（50μm以下）**，那麼大部分（譬如95%以上）流入基極區域的電子會被集極的正電壓（V_C）吸過去，突破集極與基極間的接面，進入集極區域，形成集極電流I_C。

此時，從射極流入基極區域的電子，有一部分會成為基極電流，但這只是非常小的一部分（5%以內），其餘電子（95%以上）則會流入集極，成為集極電流。這是電晶體最重要的原理。

這裡的基極電流與集極電流的比為固定值，故表示我們可以用5%以下的電晶體電流，控制剩下的95%電流，也就是透過基極電流的增

圖 2-4 ● 電晶體的運作原理

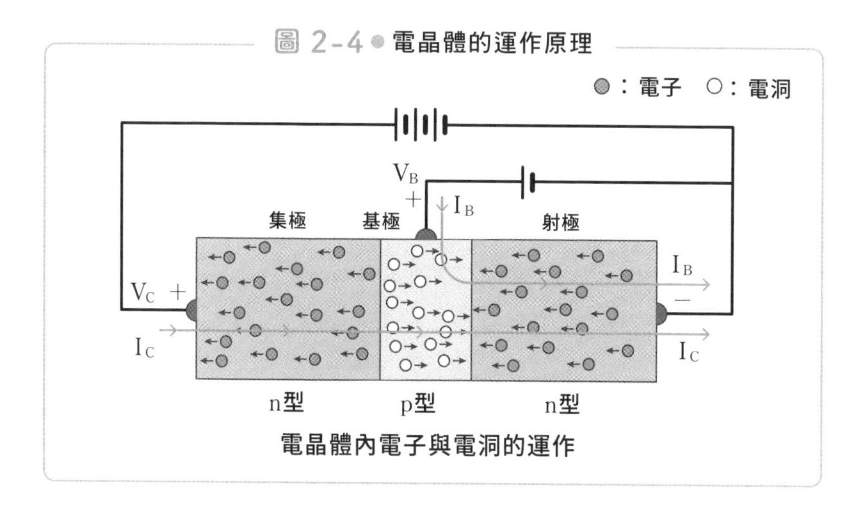

電晶體內電子與電洞的運作

減，控制集極的電流。這是電晶體的基本原理。

另一方面，當基極沒有被施加電壓（$V_B=0$）時，射極、基極間為逆向偏壓，故不會有電流通過電晶體。

我們可以透過電阻的等效電路來說明這個電晶體的運作原理，如圖2－5。

圖(a)中，將電晶體置換成可變電阻R，假設R處電壓為基極電壓V_B。當基極未被施加電壓（$V_B=0$）時，相當於R被調整成非常大的數值，譬如$R=1M\Omega$，此時幾乎沒有電流通過電晶體（$I_C=0$），如圖(b)所示。也就是，電晶體為OFF狀態（斷路）。此時電晶體集極端的輸出電壓V_O與集極側電源電壓V_C同為10V。

如果對基極施加電壓（$V_B=1V$），如圖(c)所示，相當於R被調整成很小的數值，譬如$R=50\Omega$，此時會有電流從集極流向射極（$I_C=2mA$），電晶體為ON狀態（通路）。此時輸出電壓$V_O=0V$。所以說，對基極施加電壓，就可以把電晶體當成電路開關。

再來，假設對基極施加的電壓介於(b)與(c)的中間值，如圖(d)所示。那麼R值也同樣會介於(b)與(c)中間（譬如$R=5k\Omega$），則I_C也會是中間值（1mA）、V_O也會是中間值（5V）。在這個範圍內，電晶體可做為線性放大器使用。

圖(e)為輸入與輸出的波形。**當基極輸入訊號的電壓波形有小幅度變化時，集極輸出訊號V_O可得到大幅變化的電壓波形。也就是說，這個半導體可作為類比訊號的放大器使用**。

由圖2－5的說明可以知道，這種半導體元件有著「Transfer（傳

圖 2-5 ● 以電阻的等效電路說明電晶體的運作

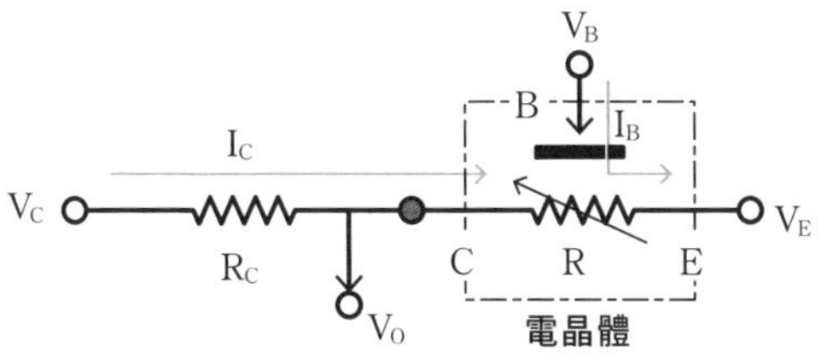

(a)將電晶體置換成電阻後的等效電路

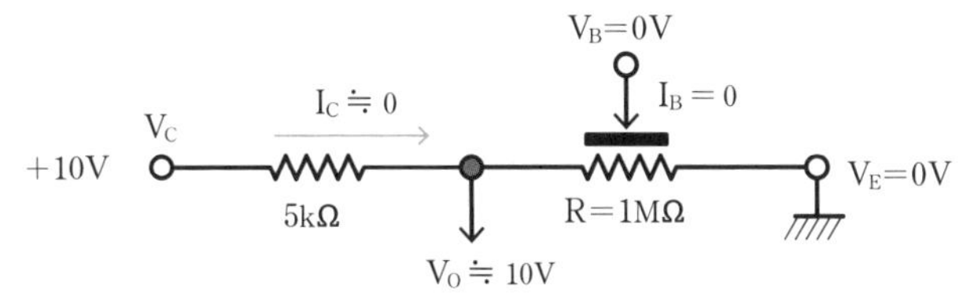

(b)電晶體為OFF狀態

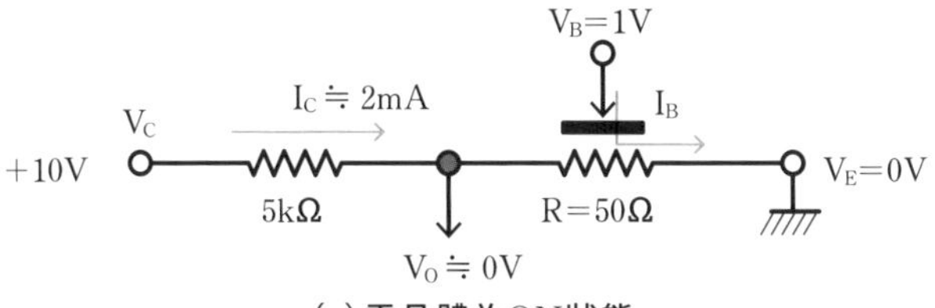

(c)電晶體為ON狀態

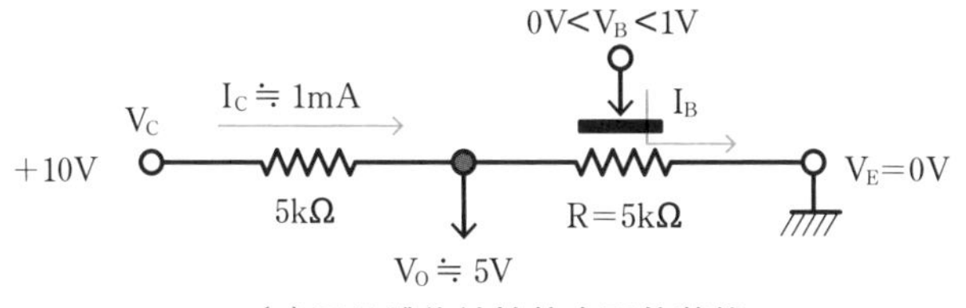

(d)電晶體為線性放大器的狀態

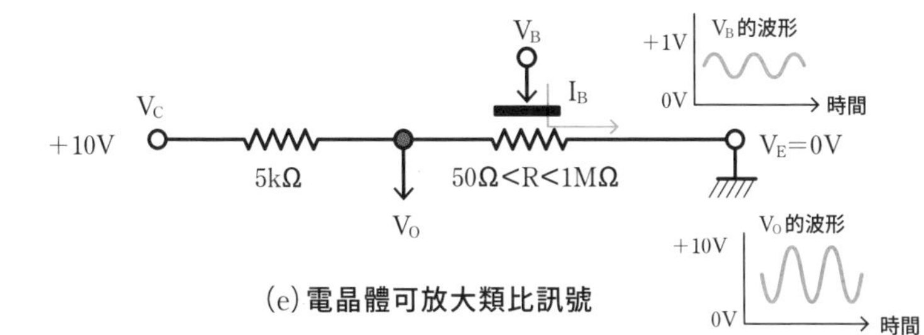

(e)電晶體可放大類比訊號

達、轉送）+Resistor（電阻器）」的作用，故被命名為「Transistor（電晶體）」。命名者為同屬於貝爾實驗室，在資訊理論領域相當著名的皮爾斯（J. R. Pierce）博士。

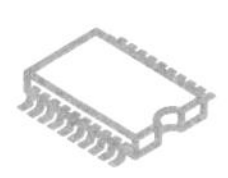

致力於電晶體的高頻化

—— 使用擴散技術的凸型電晶體登場

電晶體誕生後，企業也開始注意到電晶體的未來性。

其中一個主導電晶體商用化的組織，就是二戰結束不久後，於1946年成立的日本「東京通信工業」（簡稱「東通工」，也就是現在的「SONY」）。

小時候就是收音機少年的「東通工」井深社長，看到了電晶體的未來，決定用電晶體製作攜帶式收音機。

於是，井深社長與擁有電晶體專利（由貝爾實驗室開發）的西部電器公司簽訂了專利契約。

然而，當時的電晶體並不能利用在收音機上。這是因為此時電晶體使用的較低頻率訊號，並不適用於收音機。

於是，「東通工」為了製作出世界上第一台電晶體收音機，而著手改良電晶體，使其能在高頻率訊號下運作。

若希望電晶體能用於收音機，電晶體必須能在中波（300kHz～3MHz）的頻率範圍內運作。但當時的技術下，電晶體只能用在頻率低於1MHz的低頻訊號。

製作高頻電晶體時，基極層必須作得很薄才行。

結晶內的電子與電洞移動速度並不快。因此，要是基極作得太厚，做為載子的電子或電動就要花許多時間才能通過基極層，這樣就跟不上高頻訊號的短時間變化。

電晶體要進入工業生產，需要2項技術。首先是製作高純度半導體材料的單晶成長技術，第二是在結晶中摻雜雜質，製造npn或pnp結構之半導體的技術。

關於第1項技術，可以使用柴可拉斯基法（參考第33頁的圖1－6），製造出高純度的鍺單晶。

而第2項技術方面，當初製造接面型電晶體時，使用了「合金型」與「成長型」2種方法。

合金型電晶體的結構如圖2－6所示。製造方式是將13族（Ⅲ族）元素銦（In）的小顆粒，放在n型半導體鍺（Ge）的表面，並加熱到200℃。如此一來，In就會溶入Ge結晶中，使該區域轉變成p型半導體。

簡單來說，就是在超薄的n型Ge兩面，靠上In的小顆粒，加熱後得到pnp的三層結構，形成pnp電晶體。雖然合金型電晶體製作起來很容易，但很難做出很薄的基極，所以要製作出適用於高頻率的電晶體並不容易。

圖 2-6

合金型電晶體（pnp）

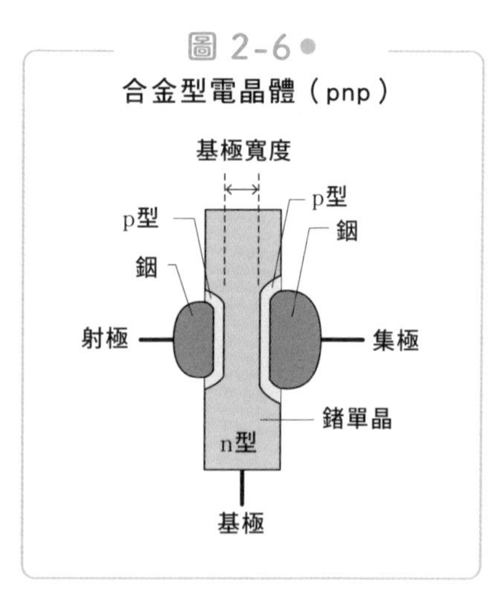

另一方面，成長型電晶體則如圖2－7所示，使用的是柴可拉斯基

法。

將含有15族（V族）元素銻（Sb）的n型半導體Ge放入坩堝中熔化，放上單晶的晶種，一邊緩慢旋轉一邊向上提起，就可得到成長中的n型單晶。

然後將13族元素（Ⅲ族）的鎵（Ga）加入已熔化的部分，形成p型半導體，然後緩慢提起。接著再次加入Sb，形成n型半導體並緩慢提

圖 2-7 ● 成長型電晶體（npn的例子）

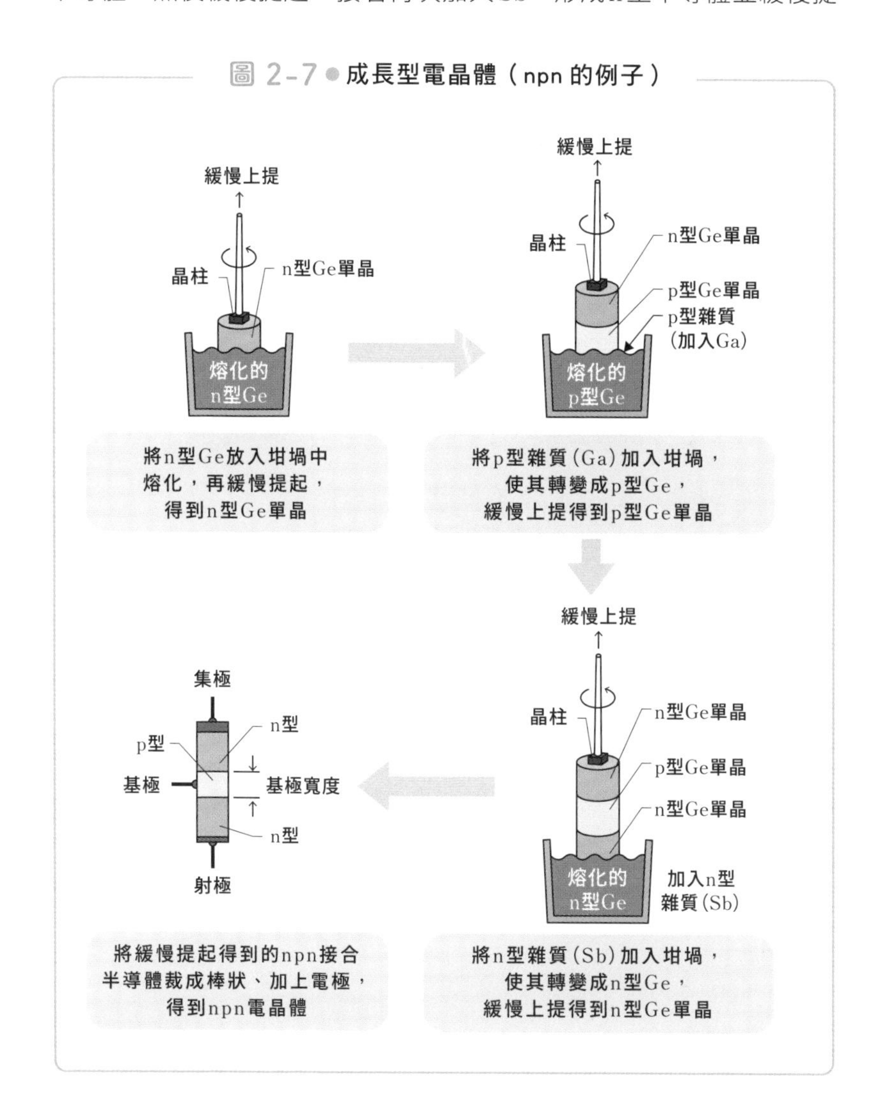

起，便能形成擁有npn三層結構的單晶。最後裁斷、加上電極，就可以得到npn電晶體了。

製造成長型電晶體時，若能精準控制摻雜、提起的時間點，便能製作出相當薄的基極，使其能以高頻率運作。不過以當時的生產技術而言，仍有良率不足（不良品過多）的問題。

為了製造出適用於收音機的產品，東通工的技術人員挑戰製作適用於高頻率的成長型電晶體。

他們從根本上改變成長型電晶體的製作方式，將雜質種類從銻（Sb）改成了磷（P），並增加混入量，反覆進行實驗。成功將工作頻率提高了10倍（20～30MHz），而且良率也大幅提升。

他們從1957年到1965年，共量產了約3000萬個這樣的電晶體，打造了電晶體的黃金時代。

到了1955年左右，貝爾實驗室開發了「凸型」電晶體。這是使用**擴散法**這種新技術製造出來的電晶體。

如圖2－8所示，將p型Ge結晶板放入充滿了n型雜質蒸氣的高溫電爐內。於是，雜質原子會附著在Ge結晶表面，並緩慢地逐漸滲透進結晶內。

這利用了擴散現象，若仔細調整雜質原子的濃度、溫度、處理時間，便能在p型Ge結晶表面形成厚約1 μm左右的n型層。用這種超薄的n型層製成的基極，可以提升電晶體在高頻訊號的工作能力。

若在n型層的上方，同樣使用擴散法製造出p型層，就能形成pnp三層結構。接著，假設一開始的p型基板為集極、超薄的n型層為基極、最後形成的p型層為射極，加上電極後，就可以得到圖2－9的

圖 2-8 ● 擴散法

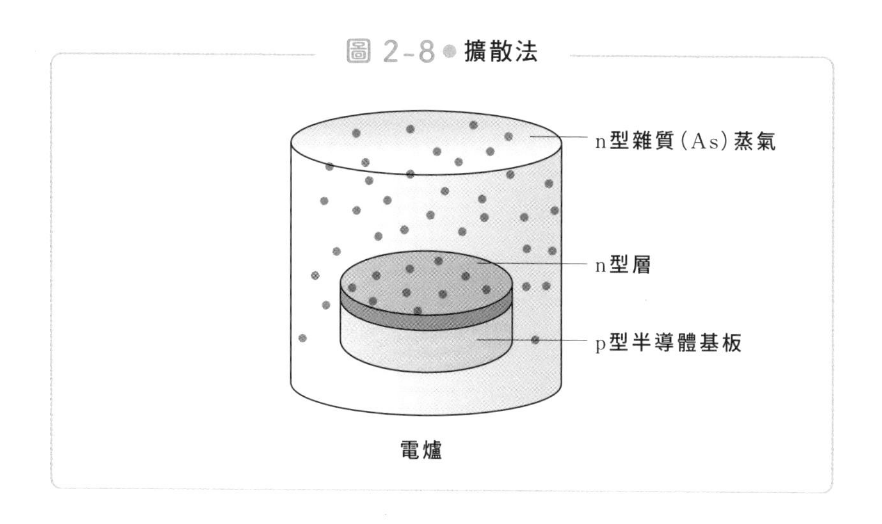

pnp電晶體。

在製作最後的射極p型層時，必須限制p型雜質只能擴散到基極n型層的部分區域。這種限定特定雜質只能擴散到部分區域的過程，稱為「**選擇擴散**」。

圖2－9的電晶體兩側經蝕刻後，形成了中央凸起的錐台型，稱為「凸型」電晶體。凸型一詞源自西班牙語的「mesa」，意為山丘。

凸型電晶體的基極寬度僅有1 μm左右，非常的薄。工作頻率比傳統電晶體高了10倍以上，可達數百MHz。

有了這種凸型電晶體，便能使用頻率是收音機百倍以上，即100MHz以上的電波來傳送訊號，於是電視等機器也開始邁向電晶體化。

圖 2-9 ● 凸型電晶體

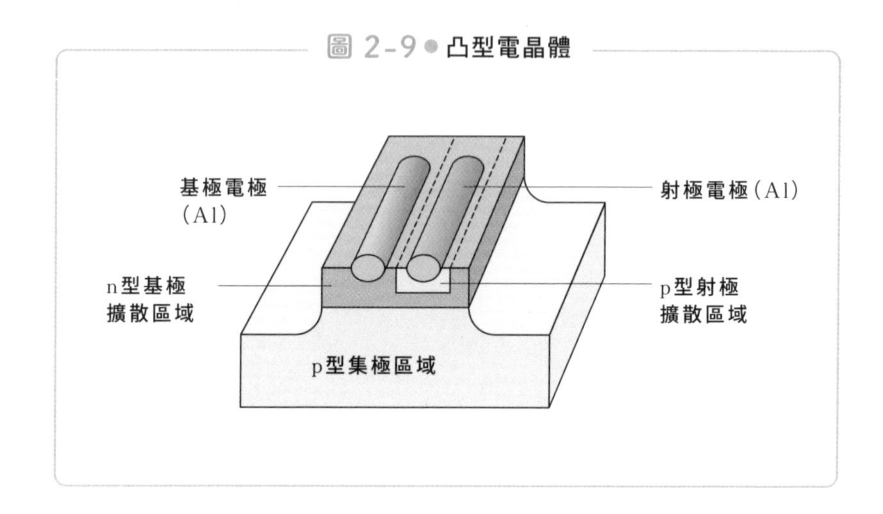

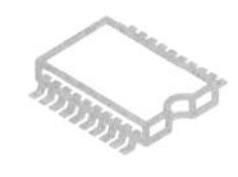

矽（Si）電晶體一躍成為主角

——可在高溫、高電壓下穩定運作

肖克利等人的電晶體實驗成功時，使用的還是鍺（Ge）製作的半導體。因為Ge的熔點比矽（Si）還要低（Ge：958℃、Si：1412℃），較容易製成高純度單晶，所以1950年代早期的電晶體幾乎都是Ge電晶體。

不過，單純從半導體材料的觀點來看，相較於Ge，Si更適合用於製作半導體。但是由於當時很難獲得高純度的Si單晶，故無法用於製作電晶體。

圖2－10列出了Ge與Si的主要特性。

其中，希望請大家特別注意的要點是「能隙」這一項。由表中數值就可以看出，**相較於Ge的能隙數值，Si的能隙數值更大**。而能隙愈大的這件事，就表示半導體單晶會需要更多能量，才有辦法形成自由電子或電洞（參考第40頁）。

由此可知，對於高能隙的材料來說，即使是提高溫度或施加更高的電壓，也不會因此而產生多餘的載子。換言之，高能隙的電晶體運作時較穩定。

舉例來說，雖然Ge電晶體在溫度超過70℃時，便無法正常運作，不過，Si電晶體就算溫度高達125℃時仍然可以運作。此外，Si電晶體可使用較高的電壓。

另一方面，我們也可以從圖2－10的電子移動率看出，Ge的電子移動率的數值比起Si還要大上許多。電子移動率是用來測量結晶內電子能夠以多快的速率移動；而移動率愈快，就表示該材料即使在高頻率的情況下也能夠使用。

因此，對於高頻率訊號處理而言，Ge電晶體的表現會比Si電晶體還要好。早期的凸型電晶體中，Ge的工作頻率最高為500MHz，Si則是100MHz。

圖 2-10 ● 鍺與矽的比較

	鍺(Ge)	矽(Si)
熔點(℃)	938	1412
能隙(eV)	0.66	1.12
電子移動率($cm^2/V \cdot s$)	3800	1300
電洞移動率($cm^2/V \cdot s$)	1800	425

另外，**將電洞移動率與電子移動率兩相比較之後，我們就能夠得知電子在結晶內的移動速度比電洞快**。因此，比起以電洞為載子的pnp電晶體，以電子為電流載子的npn電晶體在處理高頻率訊號的情況時表現更為優異。

使用Ge的早期電晶體大部分是pnp電晶體，因為製造起來比較簡單。不過進入Si電晶體時代後，適用於高頻率訊號處理的npn電晶體成為了主流。

最早期的Ge電晶體並不耐熱，也無法在高電壓環境下運作。不過，後續開發出來的Si電晶體，便可用於製作需在高電壓下運作的功率電晶體。

東通工於1957年起，開始開發電晶體電視，剛好就是Si電晶體開始出現的時期。

由於電視會用到映像管，故需要能夠處理水平、垂直偏向之高電壓的電晶體。再加上周圍的溫度相當高，所以必須使用能耐高溫的電晶體才行。這樣的電路就必須用到Si電晶體。

於是SONY（1958年1月，公司名稱從東通工改為SONY）參考貝爾實驗室的資料，著手開發Si功率電晶體。

功率電晶體的開發有個問題，那就是Si電晶體集極部分的電阻值過大，因此如果有大量電流通過會發熱（圖2－11(a)）。

Si結晶集極部分的雜質濃度不能太高，所以結晶本身會有很大的電阻值。若為了降低電阻值而讓集極部分變得薄一些，機械強度就會不足，且大面積下的良率也會變差。即使為了提升散熱效果而在結構方面下工夫，還是有其極限。

圖 2-11 ● 使用磊晶層的矽電晶體

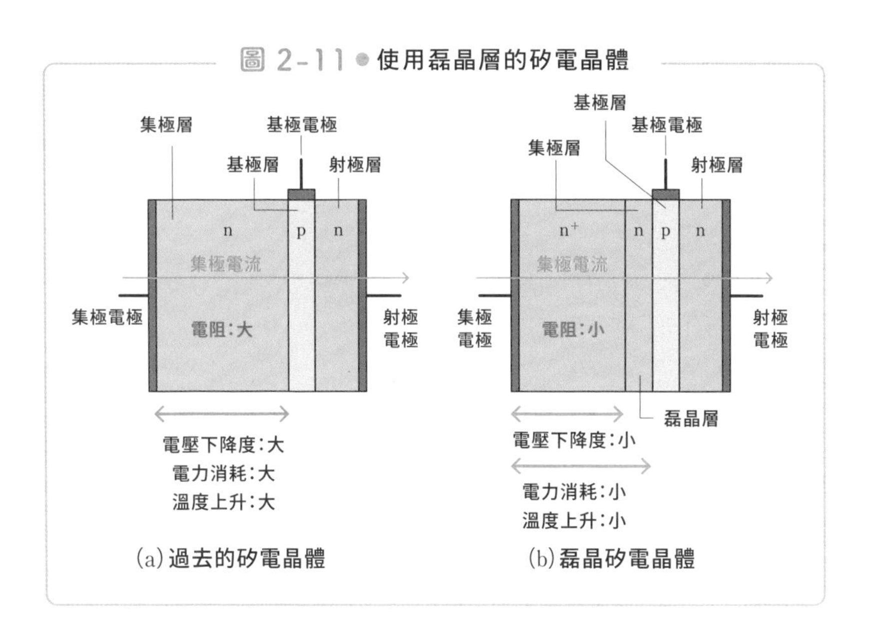

(a)過去的矽電晶體　(b)磊晶矽電晶體

此時，SONY技術人員注意到的是貝爾實驗室於同時期開發的磊晶技術。這種方法會透過基板上原本的結晶面成長出新的薄膜結晶（圖2－12）。

不過，**磊晶成長**有個條件，那就是薄膜結晶的**晶格常數**需與基板上的結晶相近。

舉例來說，我們可以在雜質濃度較高、電阻率較低的Si結晶上，以磊晶成長方式形成雜質濃度較低（電阻率較高）的Si結晶層。即使兩者雜質含量不同，不過因為兩邊都是Si結晶，所以晶格常數可視為相同。

考慮npn電晶體的運作原理，從射極層流入的電子會貫穿基極層，進入集極層，進而產生放大作用。

對於高頻率電晶體而言，能夠縮短多少這個過程所需要的時間是相當重要的課題。如同我們在第72頁中提到的，首先，重要的是得讓基極層變得很薄，使電子能在短時間內通過。除此之外，集極層也很重要。

就算基極層很薄，但如果集極是很厚的基板，那麼電子便需要很長的時間才能通過集極。因此，為了讓集極層能夠變薄，就得利用磊晶

圖2-12●半導體磊晶層的形成

層——在基板上製作較薄的磊晶層，做為集極使用，如圖2－11(b)所示。

SONY的技術人員就是使用了像這種磊晶技術，才解決了Si電晶體的發熱問題。這樣一來，便解決了要製作出電晶體電視所遇到的第2個難題。據說此時SONY開發的電晶體，性能已凌駕於本家貝爾實驗室產品之上。

圖2－13為磊晶・凸型電晶體的剖面圖。這個Si凸型電晶體的集極部分使用了磊晶技術。

Si電晶體中，基板端為集極，基板下方設有電極，使集極電流流出。為了提高集極電流流出的效率，基板的電阻愈低愈好，故須使用雜質較多的半導體，以降低基板的電阻。

不過，這種n^+基板不能直接用做電晶體的集極。要是集極的雜質濃度過高，電晶體便無法承受電壓。

因此，在雜質濃度高（電阻低）的基板上方，需製作一層雜質濃度低（電阻高）的超薄（約數十μm）磊晶層做為集極層才行。接著，再製作基極區域與射極區域，以完成電晶體。

圖 2-13 ● 磊晶・凸型電晶體

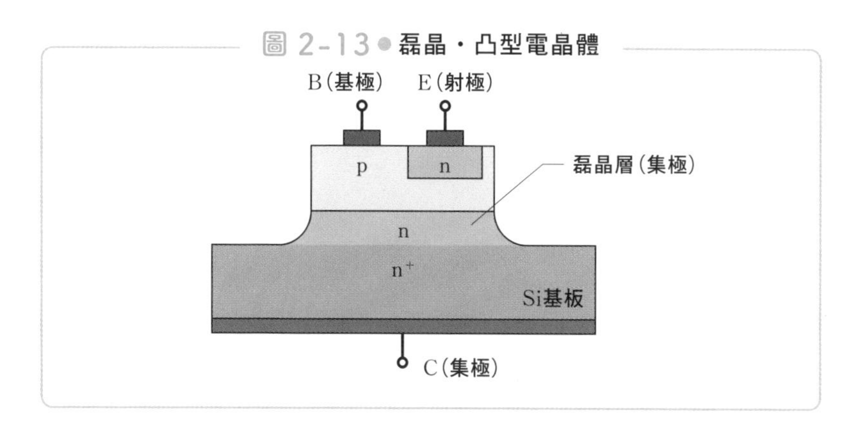

這就是磊晶電晶體。本節提到的磊晶技術，是第3章提到的IC、LSI等產品之發展過程中不可或缺的技術。

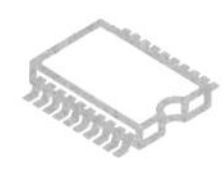

劃時代的平面化技術

── IC與LSI不可或缺的技術

將矽（Si）放在空氣中，矽會與空氣中的氧氣結合，於表面形成氧化膜（SiO_2）。Si與氧的鍵能相當大，所以這個氧化膜相當穩定。而且，**這個氧化膜是無法導電的絕緣體**。

貝爾研究室從1955年起開始研究這個Si氧化膜，發現在製造Si電晶體時，這個氧化膜可以當做選擇擴散的遮罩。

第76頁圖2－9的凸型電晶體結構中，射極／基極接面、以及基極／集極接面部分露出在外。若接合區域露出，表面容易被汙染，很可能會導致半導體的效能下降，甚至故障。

快捷半導體公司的赫爾尼（J. A. Hoerni）認為，如果在晶片表面包覆一層Si氧化膜，就能防止表面被汙染的這個問題，於是開發了名為平面型電晶體的Si接面型電晶體製程（1959年），其結構如圖2－14所示。

將Si基板當做電晶體的集極，再以Si氧化膜覆蓋電晶體的表面。於是，這個氧化膜就可以當成遮罩，此技術可用於讓雜質只擴散到特定區域。在遮罩上開孔，然後使雜質往基板方向擴散（摻雜），形成基極、射極，最後再以SiO_2膜覆蓋整個結晶表面，並加上電極，電晶體就完成了。

圖 2-14● 平面型電晶體的結構

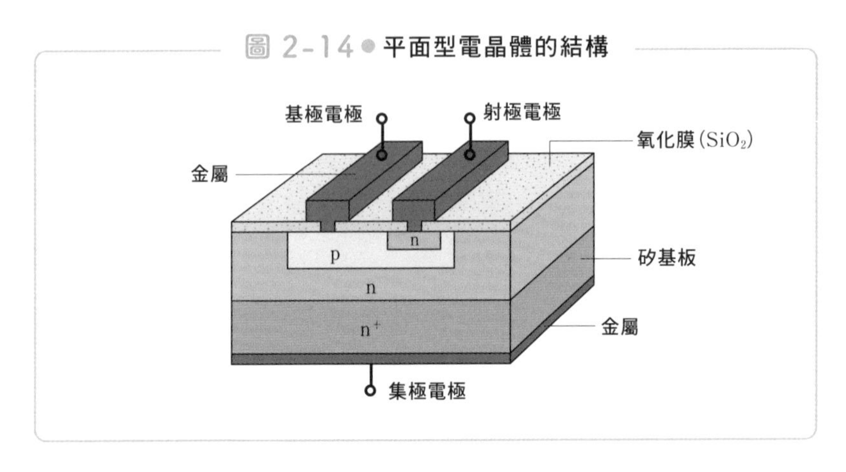

這個製程的詳細過程將於本章的第7節「半導體元件的製作方式（1）」與第8節「半導體元件的製作方式（2）」中說明。

用這種方式製成的電晶體如圖2－15(b)所示，呈平坦狀，故稱為**平面型**，與凸型（圖2－15(a)）的錐台型不同。

圖2－15(b)的平面型電晶體中，左圖的集極電極在Si基板的底部。不過近年來，大多數電晶體的基板為p型，集極電極也位於基板上方，如右圖所示。對於之後發展出來的IC與LSI來說，所有電極都在基板上方這點相當重要。

圖 2-15● 凸型電晶體與平面型電晶體

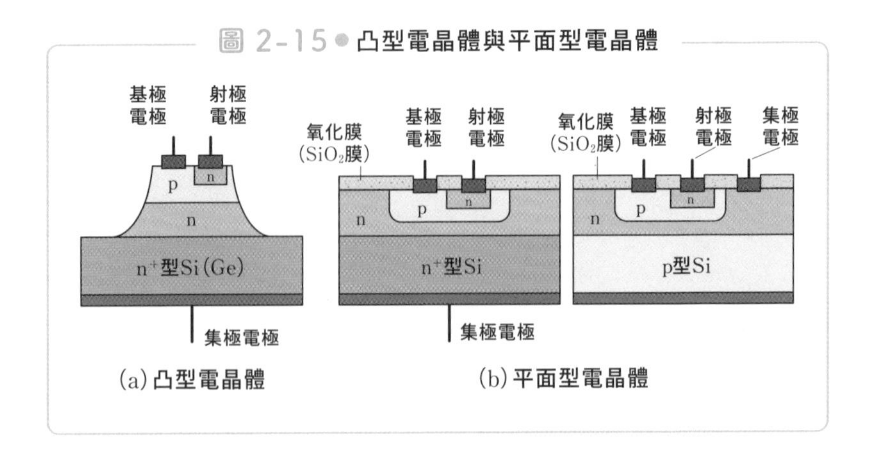

(a)凸型電晶體

(b)平面型電晶體

這些電晶體是在基板上成長出磊晶層後的產物，故常被稱為磊晶・平面型電晶體。

這種平面化技術可以說是半導體史上的劃時代技術，優點是可以在1片基板上同時製作出許多電晶體，與需要一個個製作（參考第72頁）的合金型、成長型等接面電晶體有很大的不同。

至此便確立了電晶體的量產技術。另外，這種製程會以SiO_2膜包覆Si表面的pn接面處，可防止外部侵入的水分、汙染物等，大幅提升可靠度。

接面部分非常重要，可以說是電晶體的生命線，如果這個部分容易變質或是毀損的話，就會縮短電晶體的壽命。

後面會提到的MOSFET，也是因為使用了平面化技術才得以實現（參考第86頁）。要是沒有平面化技術，也無法製造出之後的IC、LSI。

這項革命性技術基本上是延伸自貝爾實驗室的發現，然而這項技術十分偉大，它的專利也有著十分重要的意義。快捷半導體公司就是因為有了這項技術而能急速發展，同公司的諾伊斯（R. N. Noyce）也以此為基礎，發明了IC（參考3－4節）。

2-6 目前電晶體的主角：MOSFET

——目前用於IC、LSI的主角

如同我們在本章2－2節中提到的，第一個實用化的電晶體為接面型電晶體，它與最初的點接觸型電晶體同屬於**雙極性電晶體**。

還有一種電晶體叫做**場效電晶體**（FET：Field Effect Transistor）。由金屬（Metal）－氧化膜（Oxide）－半導體（Semiconductor）的結構組成的場效電晶體，稱為**MOSFET**。

圖2－16為MOSFET的結構。我們可在p型Si基板的表面附近生成MOSFET。

圖 2-16 ● MOSFET 的結構（nMOS）

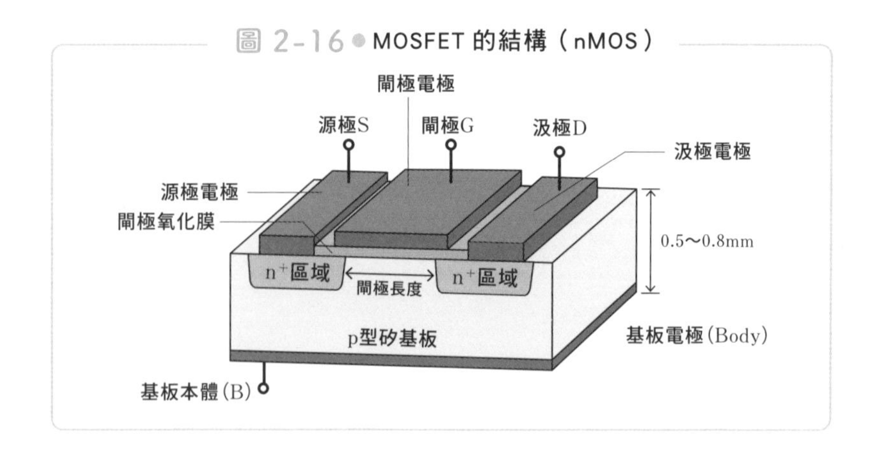

MOSFET有3個端子，分別是中間的**閘極**（G），以及閘極左右兩邊的**源極**（S）與**汲極**（D）。閘極區域為p型，源極區域與汲極區域則是n型。

閘極區域位於源極區域及汲極區域之間，與金屬電極之間夾著一層於Si基板表面形成之薄薄的Si氧化膜。不過，現代MOSFET的閘極不是使用Metal（金屬），常是使用摻雜了高濃度雜質、電阻較低的多晶矽。

基板本體（Body，B）也接有電極，通常會與源極相連，或者與電源的電壓最低處相連。這裡的「Body」有許多不同的稱呼，包括像是「Backgate」、「Bulk」、「Substrate」等。

圖2－17說明了MOSFET的運作原理。如圖(a)所示，p型Si基板上大部分的載子是電洞，卻也有少數載子是電子。源極區域與汲極區域的n型Si部分，載子則多為電子。

如圖2－17(b)所示，在汲極施加正電壓，源極與閘極施加負電壓。此時，汲極與源極之間的p型半導體的pn接面為逆向偏壓，故電子無法從源極流向汲極，不會產生電流。也就是說，MOSFET為OFF狀態。

接著請看圖2－17(c)，如果在閘極施加正電壓，那麼會發生什麼事呢？

在閘極施加正電壓後，閘極正下方的p型半導體內的電洞會因為正電互斥而往結晶內部移動。而結晶內的少數載子——電子，則會被正電吸引而往閘極區域的結晶表面移動。不過，閘極區域與閘極電極之間存在絕緣體（SiO_2膜），所以電子會滯留在結晶表面附近。

如果提高閘極電壓，**這種現象會變得更明顯。被吸引上來的電子，**

圖 2-17 ● MOSFET 的運作原理

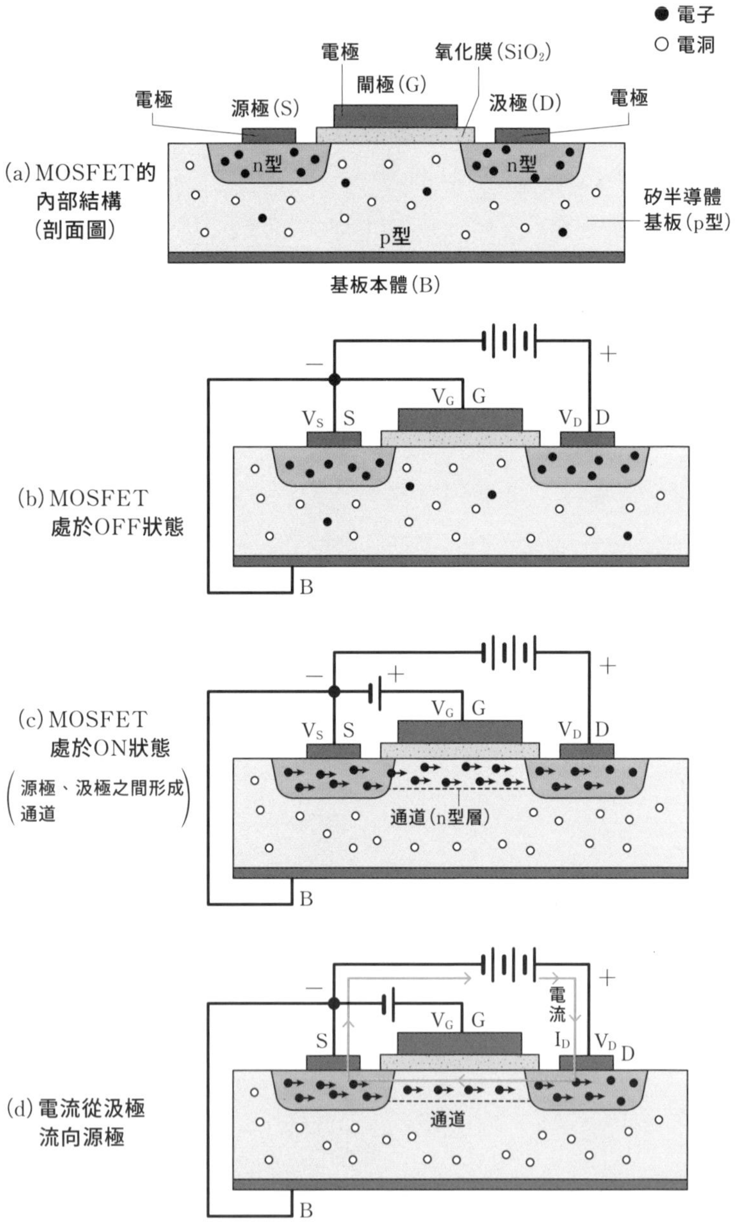

● 電子
○ 電洞

(a) MOSFET的內部結構（剖面圖）

電極
源極 (S)
電極
閘極 (G)
氧化膜 (SiO_2)
汲極 (D)
電極
n型
n型
p型
矽半導體基板 (p型)
基板本體 (B)

(b) MOSFET處於OFF狀態

V_S S
V_G G
V_D D
B
−
+

(c) MOSFET處於ON狀態
（源極、汲極之間形成通道）

V_S S
V_G G
V_D D
通道 (n型層)
B
−
+

(d) 電流從汲極流向源極

S
V_G G
電流 I_D
V_D D
通道
B
−
+

會使閘極正下方的p型半導體反轉成n型半導體。

這個結果會使閘極正下方形成一個新的n型區域，與源極區域及汲極區域的n型半導體相連，形成一個電子**通道**（Channel）（圖2－17(d)）。

這麼一來，電子便能從源極移動到汲極，產生由汲極往源極的電流。也就是說，MOSFET處於ON的狀態。

圖2－17(c)中，若閘極電壓過低，閘極正下方就無法聚集足夠的電子，無法產生汲極電流。只有當閘極電壓達到一定數值以上，電子數達到一定程度時，才會突然產生汲極電流。

使汲極開始產生電流的電壓數值，稱為「**閾值電壓V_{th}**」（圖2－18）。若以MOSFET做為開關元件的情況，當閘極電壓V_G高於／低於閾值電壓V_{th}時，表示MOSFET處於ON／OFF狀態，如圖2－19所示。

如圖(d)所示，閘極電壓V_G改變時，新通道的厚度也會跟著改變。**閘極電壓愈大，通道愈厚，從汲極流向源極的電流也愈大**。這個狀態下，汲極電流I_D的大小與閘極電壓V_G成正比，如圖2－18所示。只要稍微改變閘極電壓，就能讓汲極電流產生很大的變化，故可用於製作類比訊號的放大器。

第67頁圖2－4的接面型電晶體中，基極（B）與射極（E）間的電流，可以控制集極（C）的電流。

相較於此，MOSFET則是在閘極（G）與源極（S）之間施加電壓，控制汲極（D）的電流。**因為有SiO_2膜，所以即使在閘極施加電壓，也不會有電流通過，因而消耗電力較少，為其一大優點。**

圖 2-18 ● MOSFET 的汲極電流與閾值電壓

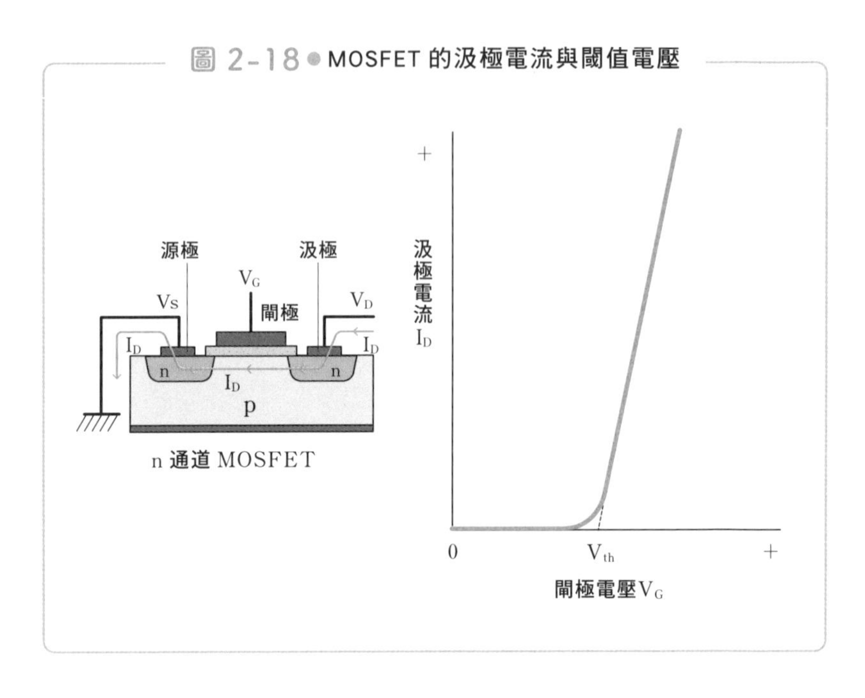

圖 2-19 ● MOSFET 開關的運作

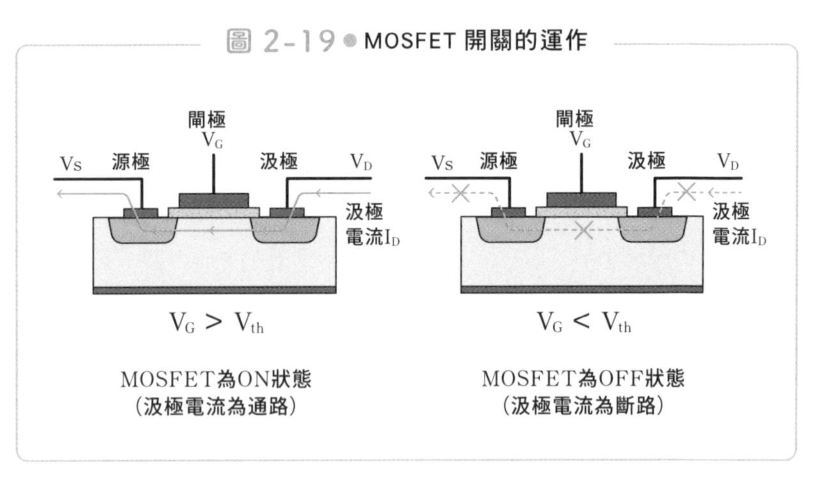

MOSFET這3個端子的名單分別為源極（S：Source）、閘極（G：Gate）、汲極（D：Drain），這三者與接面型電晶體的電極名稱皆不相同。

一般認為，這是因為MOSFET（一般稱為FET）的運作，就像有水門的水路一樣。

如圖2－20所示，MOSFET的各個部分可對應到水路的各個部分。水從水源（源極）經水道（通道）流向水溝（汲極），中間可以用水門（閘極）控制其流動。

若水門關閉，水就無法流通（OFF）；而如果水門開啟，水就可以自由流動（ON）。FET的載子流動與這十分相似。

圖2－17的MOSFET在閘極正下方形成的是n型通道，故稱為n通道MOSFET，或簡稱**nMOS**。

若將Si基板改成n型，且其他部分的n與p對換，那麼載子會從電子轉變成電洞，施加電壓後，MOSFET亦可產生相同動作。此時的通道為p型，故稱為p通道MOSFET，或簡稱**pMOS**。

pMOS、nMOS這2種MOSFET都做得出來。不過，**nMOS閘極電壓為正時，處於ON狀態；相對的，pMOS的通道為正電荷，故當閘極電壓為負時，才是ON狀態，這點要特別注意**。另外，電子移動率

圖 2-20 ● MOSFET 與水路的對應

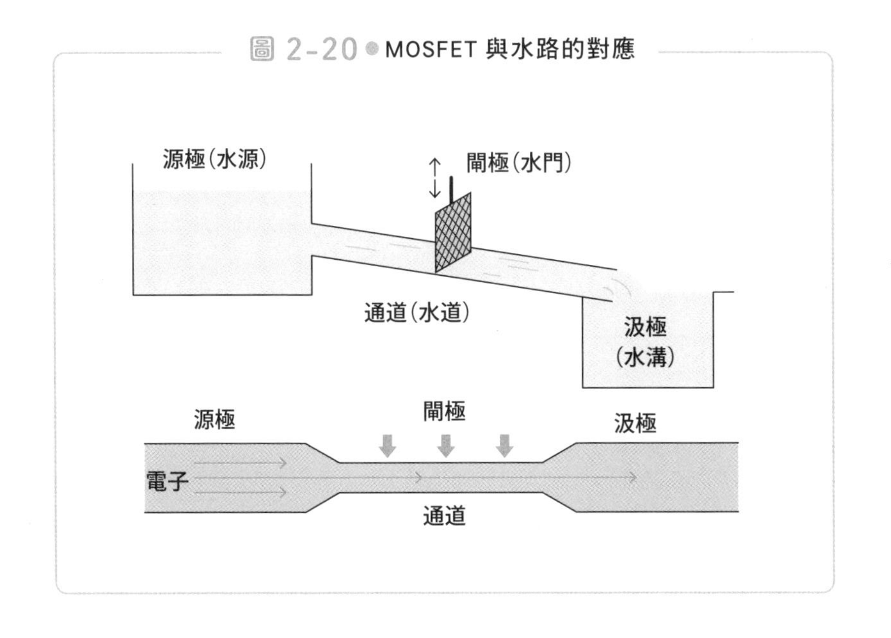

比電洞移動率還要大，所以nMOS較適用於高頻率運作。

另外，由圖2－16、圖2－17可以看出，閘極兩邊的源極與汲極結構相同、配置對稱，無法以結構決定哪邊是汲極，哪邊是源極。不過，可以用電壓來決定。

nMOS中，電壓較低的一方是源極；pMOS中，電壓較高的一方是源極。這表示，依照電路狀態的不同，源極與汲極可彼此交換。雙極性電晶體中，射極與集極的結構不同，故無法交換（雖然交換後也能勉強運作，但無法發揮相同性能）。可任意交換2個電極，是MOSFET結構的一大特徵。

MOSFET的電路符號有多種表示方式，如圖2－21所示。

有的像(a)和(b)一樣，同時畫出4個端子，有的則像(c)和(d)一樣，省略B端子。

要注意的是，(a)(b)與(c)的箭頭方向相反。我們可以透過箭頭方向來區別nMOS與pMOS。

對於看習慣雙極性電晶體電路的人來說，可一眼看出(c)與npn及pnp之間的對應，是(c)的優點。

若省略箭頭，僅在pMOS的閘極前加上○做為區別，就會得到(d)。(c)中有箭頭的電極為源極，(d)則沒有特別區別出源極與汲極。

(e)甚至不去區別nMOS與pMOS。

圖 2-21 ● MOSFET 的電路符號

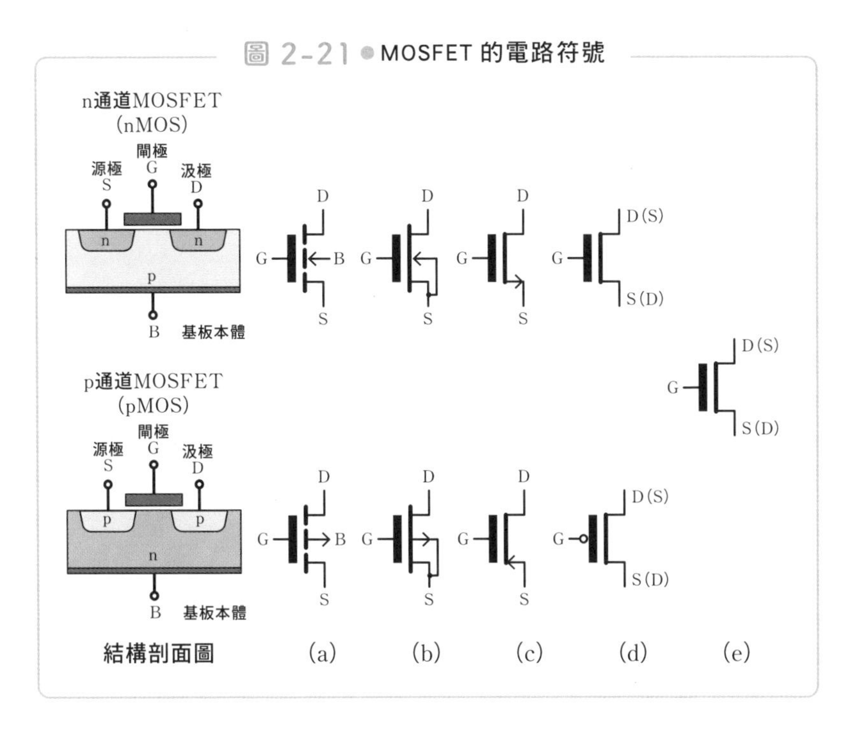

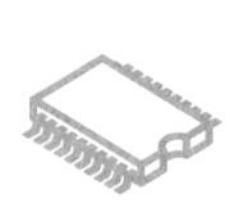

半導體元件的製作方式（1）

—— 在半導體基板上正確描繪電路圖樣的技術

直到「使雜質擴散至Si結晶基板特定位置的技術」，以及「在特定位置覆蓋絕緣體或金屬膜的技術」成熟後，才能開始大量製造平面型電晶體等半導體元件。

這裡的「特定位置」十分重要。隨著IC、LSI等元件愈做愈小，「特定位置」的範圍也會跟著縮小。而且半導體上有很多「特定位置」，有些與上一個步驟的特定位置相同，有些則與上一個步驟的特定位置有一定差距，必須先確認這些位置彼此間的正確關係才行。

決定這些位置的步驟是**光蝕刻法**。具體而言，要先在Si表面的氧化膜（SiO_2膜）上開洞，然後使雜質從該處擴散進Si結晶內。因此，孔洞要開在正確的位置，形狀也要正確無誤才行。

光蝕刻法是運用照相技術，在半導體基板上刻下元件與電路圖形的技法，是製作IC與LSI時不可或缺的方法。讓我們透過圖2－22來說明這個製程吧。

（a）在Si基板上製作SiO_2膜。可使用的方式如熱氧化法，也就是將半導體放入含氧氣的水蒸氣中加熱。

（b）在SiO_2膜塗上一層薄薄的**光阻劑**（感光樹脂），再經過加熱使其硬化成膜。

（c）準備好適當的**光罩**做為底片。光線可穿過光罩上的孔洞，照射到我們希望在SiO_2膜上開洞的地方，此時膜上有光阻劑擋著。

（d）光阻劑被光線照到時，分子結構會改變。此時加上特定溶劑，就可以只溶解掉分子結構有改變部分的光阻劑，使其消失。這樣就能在光阻劑層留下孔洞，露出底下的SiO_2膜。

（e）在SiO_2膜上開洞時，需使用**氫氟酸**（氟化氫（HF）水溶液）溶解SiO_2。光阻劑樹脂與Si都不會被氫氟酸溶解，只有露出來的SiO_2膜會被溶解。

（f）最後用溶劑溶解光阻劑。於是，原本被SiO_2包覆著的Si基板，就會在特定部位開出孔洞，露出底下的Si結晶，之後雜質便能於這些部位擴散開。

圖2－22列出了一次光蝕刻流程。在一次光蝕刻流程中，需將光罩覆蓋於Si基板上，以光線照射，在SiO_2膜上開孔，再使雜質從孔洞上擴散進去。製作1個電晶體時，便需重複多次上述流程。不過，**我們可以透過光罩，將所有電晶體的分布圖一次轉錄到半導體上，所以不管是一次做1個電晶體還是一次做100個電晶體，花費的時間都一樣**。

進入LSI時代後，光罩的圖樣逐漸複雜化、細微化，蝕刻作業必須重複數十次(a)～(f)的步驟才行。此時，確定光罩是否有對應到Si基板上的特定位置，就變得相當重要。

圖 2-22 ● 光蝕刻法製程

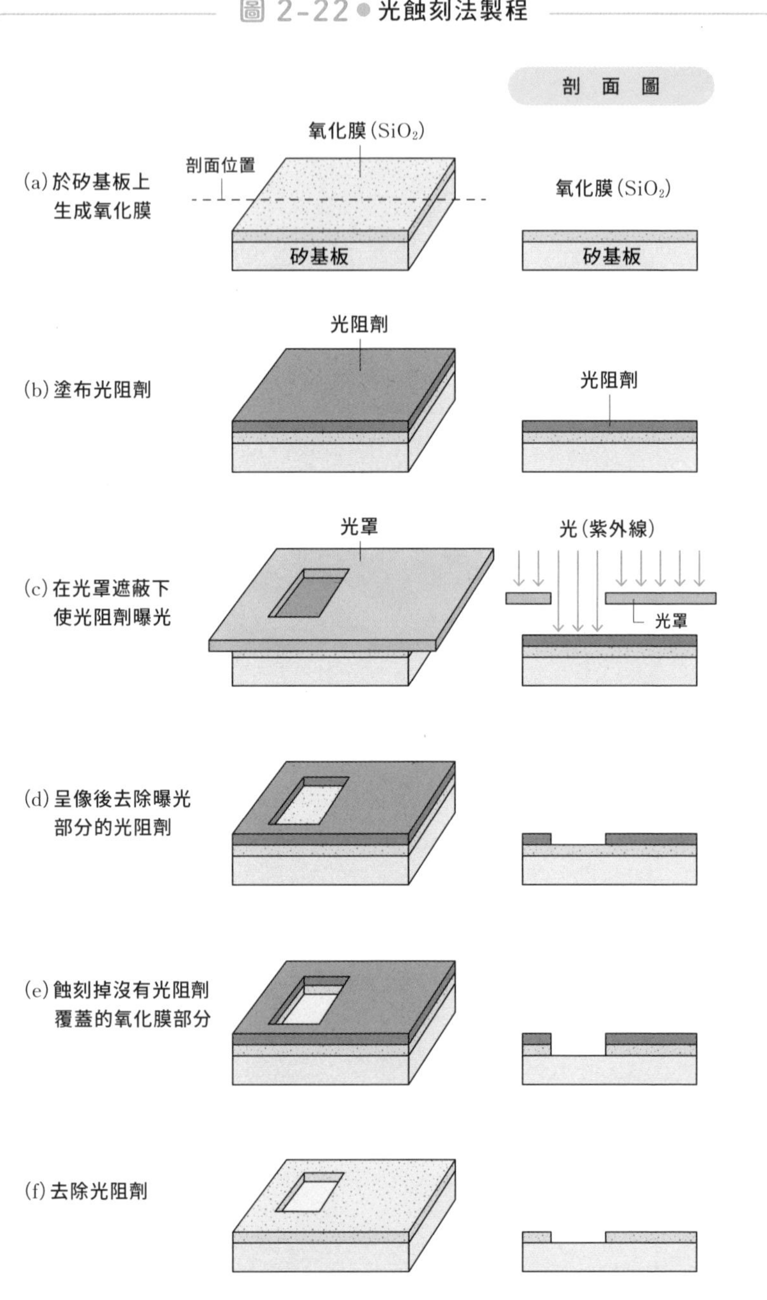
剖 面 圖
氧化膜(SiO₂)
剖面位置
(a) 於矽基板上生成氧化膜
氧化膜(SiO₂)
矽基板
矽基板
光阻劑
(b) 塗布光阻劑
光阻劑
光罩
光(紫外線)
(c) 在光罩遮蔽下使光阻劑曝光
光罩
(d) 呈像後去除曝光部分的光阻劑
(e) 蝕刻掉沒有光阻劑覆蓋的氧化膜部分
(f) 去除光阻劑

此時登場的是「**步進式曝光機**」（縮小投影曝光裝置）這項裝置。

步進式曝光機的結構如圖2－23所示，以高壓汞燈的光線或雷射光照射光罩。

接著透過投影透鏡，將光罩描繪的圖樣縮小至原本的1/4～1/5左右，使平台上的晶圓表面的光阻劑曝光。

1片晶圓可分割成數十個20mm見方的「**曝光區**（shot）」。每次照射都可以照到1個曝光區。

使用步進式曝光機時，在照射完1片晶圓上的1個曝光區後，平台就會馬上移動，讓下個曝光區接受曝光。此時，預計位置與實際位置的精準度必須在數nm以內。另外，最先進的曝光機在曝光過程中，會同

圖 2-23 ● 步進式曝光機（半導體曝光裝置）的機制

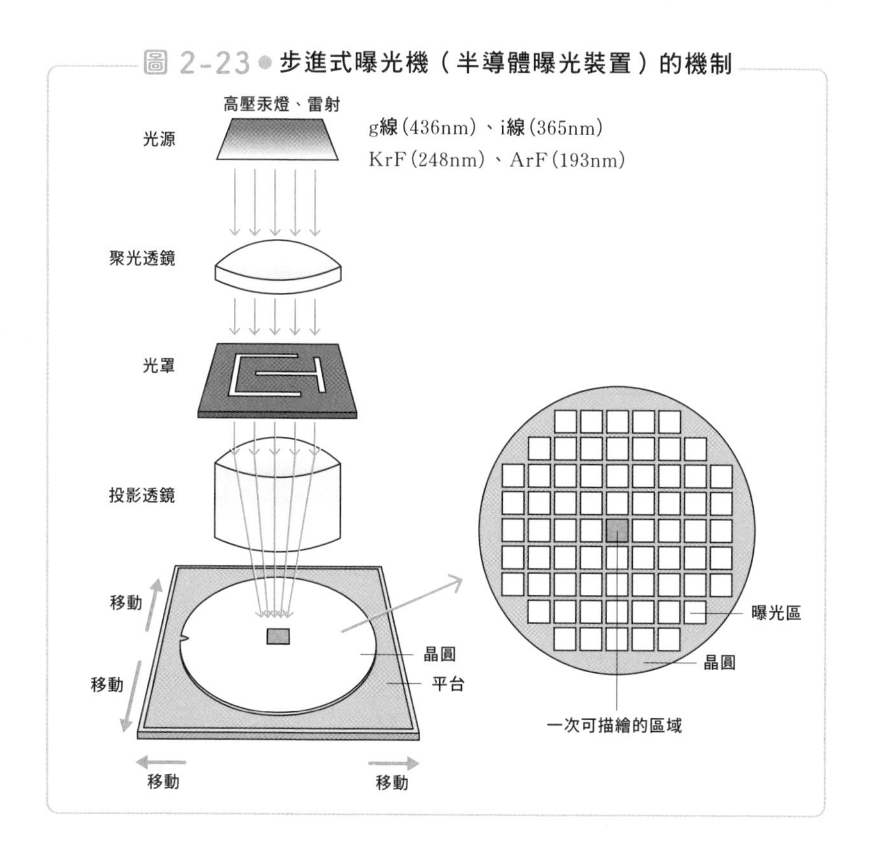

時移動光源與平台，故需要更為精密的操作。這種曝光機稱為「**掃描式曝光機**」。

曝光用的光線波長也是個很重要的因子。在赫爾尼運用光蝕刻技術，發明了平面型電晶體時（1959年左右），加工的最小單位約為20～30 μm；LSI記憶體剛發明的時候（1970年），線寬也有10 μm左右。

到了2020年，最小線寬已細到5nm（0.005 μm）。若要提升狹小導線的精度，必須使用波長較短的光線來曝光。

早期以超高壓汞燈為光源，使用的是**g線**（波長436nm）、紫外線的**i線**（365nm）。隨著半導體的細微化，開始採用波長較短的光，如**KrF準分子雷射**（248nm）、**ArF準分子雷射**（193nm）等。

目前正在開發波長更短的光源，**EUV光**（波長13.5nm）。這種最新的曝光機非常貴，一台要價數百億日圓。

進行細微加工時需要的光罩，也需精密技術控制光的相位，1片需要數億日圓的費用。

尖端半導體是人類製造的結構物中，最細微的物品。要實現這樣的結構，需要非常複雜的科技，以及大量的金錢。

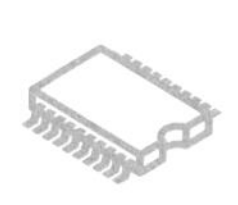

半導體元件的製作方式（2）

—— 使雜質擴散以製造電晶體

再來我們要說明的是，以光蝕刻法在SiO_2膜上產生孔洞後，如何將雜質擴散進特定位置，製作電晶體，如圖2－24所示。這裡以npn型的磊晶・平面型電晶體為例。

圖2－24的製程稱為**選擇擴散法**。預先選定欲摻入雜質的位置，在表面生成氧化膜的孔洞，然後使雜質只擴散到這些地方。

（g）在預計用做集極的n型磊晶層表面，覆蓋一層SiO_2膜，然後在膜上開孔，用於生成基極層。可對應到圖2－22的（f）。

（h）基極層需為p型，故灌入含有硼（B）等Ⅲ族元素雜質的氣體，使其透過SiO_2膜的孔洞，擴散至Si基板的磊晶層。

雜質無法通過SiO_2膜，所以只有沒被光罩遮住、留下孔洞的部分會形成p型半導體。若能精確控制擴散的溫度與時間，便能使雜質只擴散到想要的深度，不至於擴散至整個Si。

（i）（h）的擴散結束後，再於表面覆上一層SiO_2膜。

（j）製作射極層時，需進行第2次擴散，要再做一次圖2－22的光蝕刻過程，於（i）的基極層上方開1個SiO_2膜的孔洞。這個孔洞的位置必

圖 2-24 ● 以選擇擴散法製作電晶體

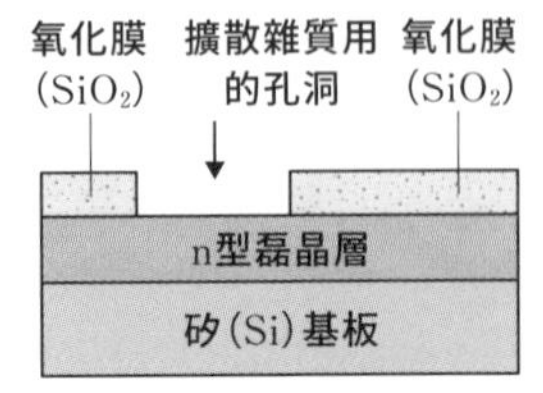

(g)在矽基板表面的氧化膜開孔，供雜質擴散用（對應圖2−22的(f)）

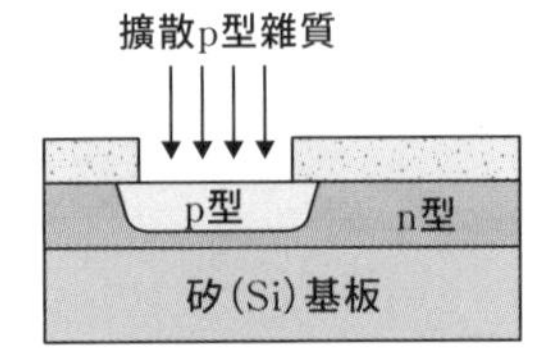

(h)經氧化膜的孔洞擴散p型雜質

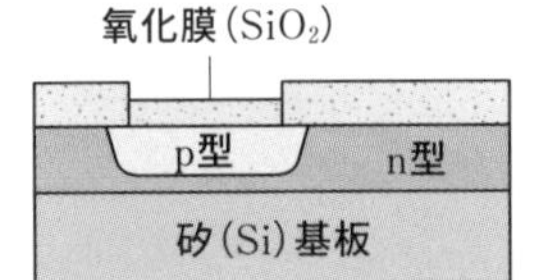

(i)表面再氧化，包覆一層氧化膜

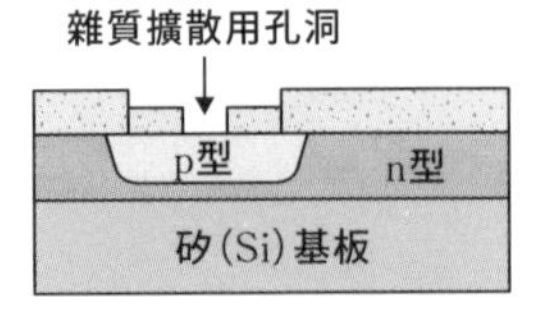

(j)在表面的氧化膜開孔，供雜質擴散用（對應圖2−22的(f)）

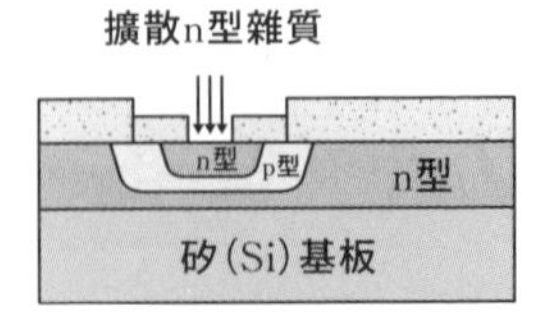

(k)經氧化膜的孔洞擴散n型雜質

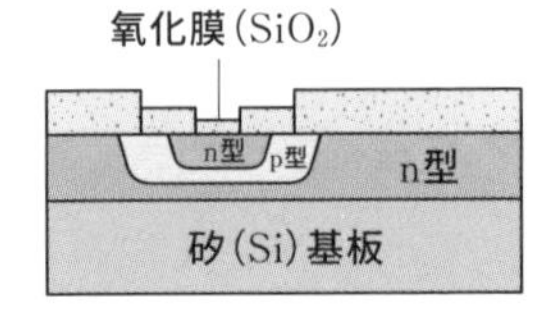

(l)表面再氧化，包覆一層氧化膜

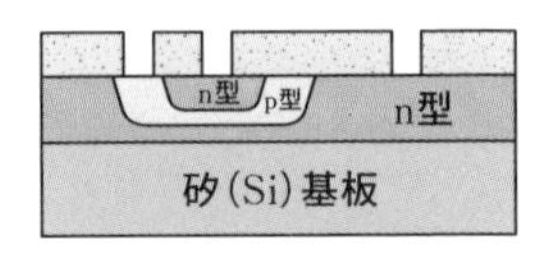

(m)在表面的氧化膜開孔，供電極蒸鍍用（對應圖2−22的(f)）

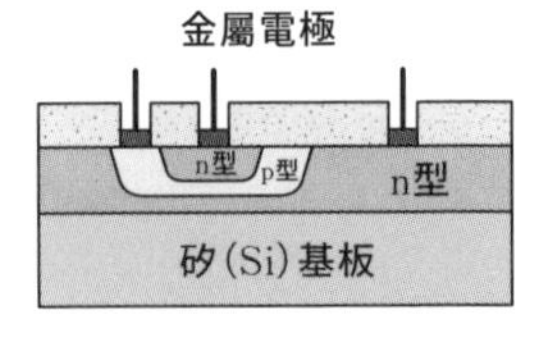

(n)於氧化膜的孔洞蒸鍍金屬

須正確無誤的位於基極層之上。

（k）將用於製作n型射極層的雜質——V族元素磷（P）等由這個孔洞擴散進入p型基極層。與（h）步驟類似。

製作射極時，需精準控制溫度與時間，使基極愈薄愈好，但要小心不能讓射極穿透基極。

（l）（k）的擴散結束後，再於表面覆上一層SiO_2膜。

（m）再進行一次圖2－22的光蝕刻過程，於（l）製作的SiO_2膜表面開數個孔洞，供電極接觸用。

（n）將鋁等金屬蒸鍍於（m）開出的孔洞上，加上基極、射極、集極等各個電極，就完成電晶體了。

金屬蒸鍍時，傳統上是在真空容器內加熱金屬使其蒸發，再使金屬蒸氣飛奔到基板上形成金屬薄膜，這種方法稱為**真空蒸鍍法**（圖2－25）。

近年則多使用**濺鍍法**，在Si基板或金屬上施加電壓，提升膜厚度均勻度與膜的品質。

這個過程中最重要的是，要保留特定位置的SiO_2膜當做擴散遮罩。如果Si等半導體的表面暴露在空氣中，那麼電晶體最重要的接面部位就會與大氣中的氧氣及水蒸氣反應，使電晶體的特性出現變化，損害它的可靠度。

這個電晶體的結構為表面平坦的平面型電晶體（參考2－5節）。平面型電晶體的優點在於，只要在光罩上開許多孔，就可以在特定位

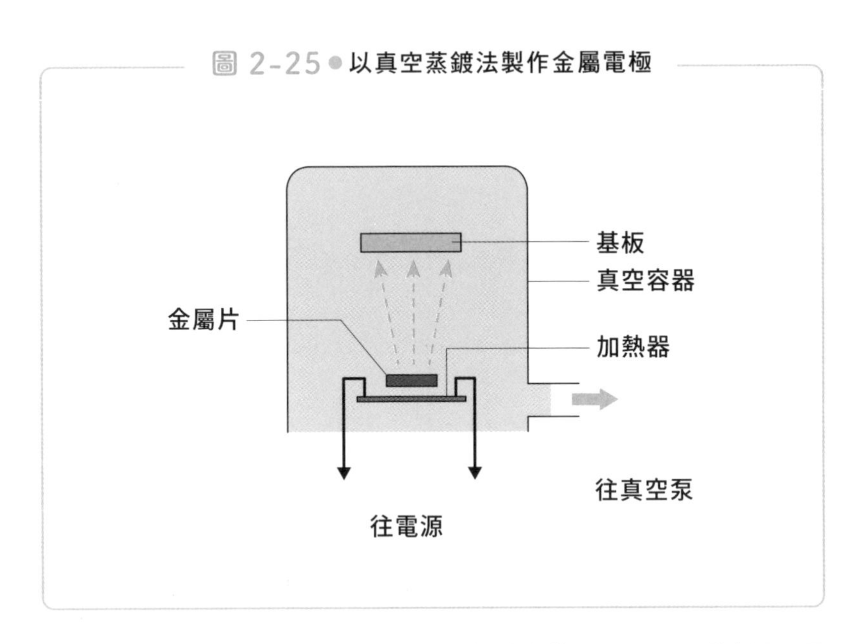

圖 2-25 ● 以真空蒸鍍法製作金屬電極

置，同時製作出特定數量的電晶體。對於之後的IC、LSI開發來說，是相當重要的技術。

圖2－24說明的是雙極性電晶體的情況，不過MOSFET的製作方式也相去不遠。

不過，製作雙極性電晶體時，多以熱擴散的方式摻雜雜質；MOSFET則因為要將雜質數量控制在最低，故必須使用精密度更高的**離子注入法**來摻雜雜質。

離子注入法的概要如圖2－26所示。進行離子注入法時，需先讓磷（P）、砷（As）、硼（B）等雜質在真空中離子化，再以強力電場加速這些離子，使其打向半導體基板表面，注入半導體內。

加速電壓的大小可決定雜質打入的深度，雜質濃度由離子束的電流、電壓決定，故可精確控制摻雜的雜質濃度。

圖 2-26 ● 由離子注入法控制的雜質擴散

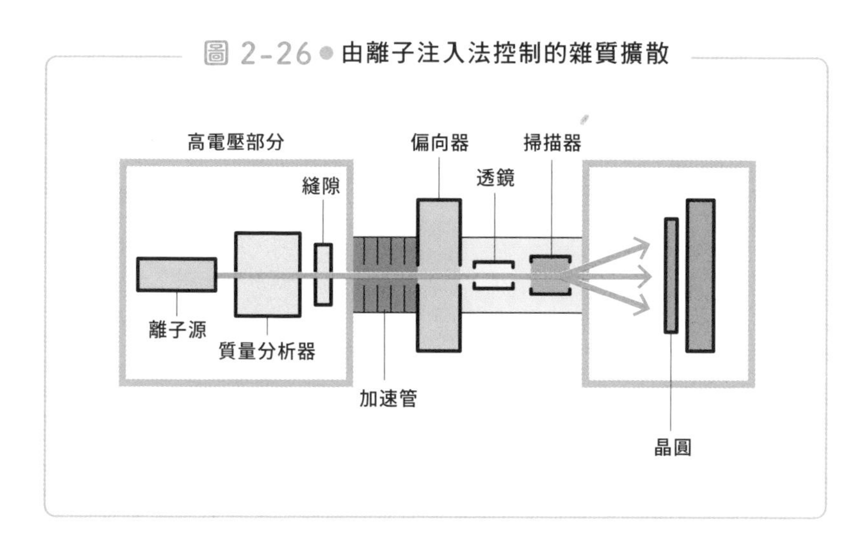

半導體之窗

穿隧二極體的發明

如前面2－4節所述，1957年左右，東京通信工業（現在的SONY）製作出了世界上第一個電晶體收音機後，便著手改善電晶體的高頻率特性。

過程中，他們發現當電晶體射極的雜質磷（P）濃度較高時，較適用於高頻率訊號處理。不過，製造這種電晶體時，卻會產生許多不良品，原因出在高濃度n型半導體之射極的pn接面。

為了解決這個問題，東通工請來當時研究pn接面的研究員江崎玲於奈。而他在研究半導體內最多能夠摻雜多少雜質的同時，也進行提高雜質濃度的實驗。

電晶體中，集極與基極的雜質濃度約為1000萬分之1（以原子個數計算），射極的雜質濃度則可高達10萬分之1左右。

當射極的雜質濃度繼續提升到1萬分之1、1000分之1時，pn接面半導體就會產生特殊的電壓電流特性，也就是所謂的負電阻。

對於一般電阻來說，電壓上升時，電流也會跟著上升。不過負電阻在電壓上升時，電流卻會下降。

如圖2－A所示，當橫軸的電壓介於70mV～400mV之間時，電壓愈大，電流愈小。一般二極體的行為如虛線所示，這個電壓區間內，幾乎不會有電流通過。

這個電壓區間內之所以會有電流通過，是因為量子力學上的**穿隧效應**。

也就是說，使用雜質濃度高的半導體製作的pn接面，電位障壁較薄，即使在電壓很低的情況下，電子也可能會穿過這個薄壁，就像穿過隧道一樣。

「**穿隧二極體**」的名稱便由此而來。一般的pn接面二極體在

圖 2-A ● 穿隧二極體的電壓、電流特性

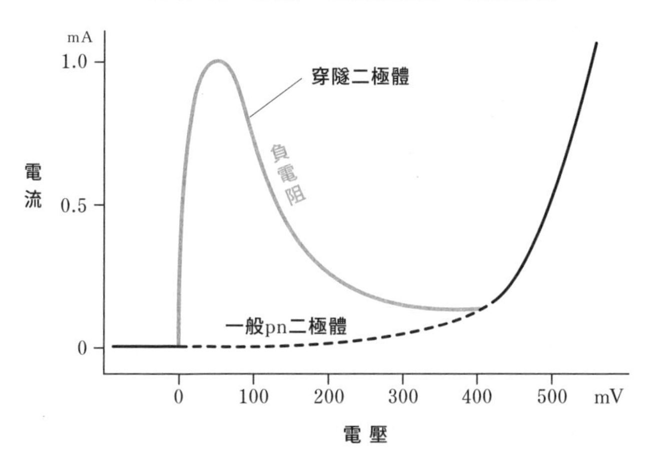

300mV的電壓下幾乎不會有電流通過，穿隧二極體卻會有電流通過。

當電壓提升到某個程度時，從n型區域流向p型區域的電子能量就和一般二極體內的電子趨於一致，負電阻現象也會跟著消失。

江崎提出這項發現時，日本國內並沒有太大的反應。

不過隔年（1958年），江崎的論文刊登在世界性的科學期刊《Physical Review》上後，評價也跟著大幅提升。該年6月於比利時布魯塞爾的學會中，肖克利也大為讚賞這篇論文。於是穿隧二極體突然備受關注，並以發明人的名字，被稱為江崎半導體。

當時的美國學者們致力於尋找能夠提升電腦處理速度的高速切換元件。那時的電晶體還無法快速切換狀態。

因為穿隧二極體有量子力學效應，反應速度非常快，被認為可以開發出劃時代的元件，而備受眾人矚目。不過，這個曾備受矚目的穿隧二極體，卻在真正投入應用前，就消失了蹤影。

最大的原因就是電晶體技術的進步。後來，電晶體的頻率限制大幅提升，動作速度加快了許多，就不需要繼續研究穿隧二極體了。

發明穿隧二極體的江崎，因為發現了固態物質（半導體）內的穿隧效應，獲得了1973年諾貝爾物理學獎。

第3章

計算用的半導體

類比半導體與數位半導體

——計算用的數位半導體

本章要說明的是「計算用半導體」的運作機制。在此之前，希望大家能先理解類比與數位的差異。

提到類比與數位的差異時，常會用時鐘或波形做例子，如圖3－1所示。這樣的說明雖然沒有錯，但並沒有說明到真正的本質。

圖 3-1 ● 類比與數位的差異

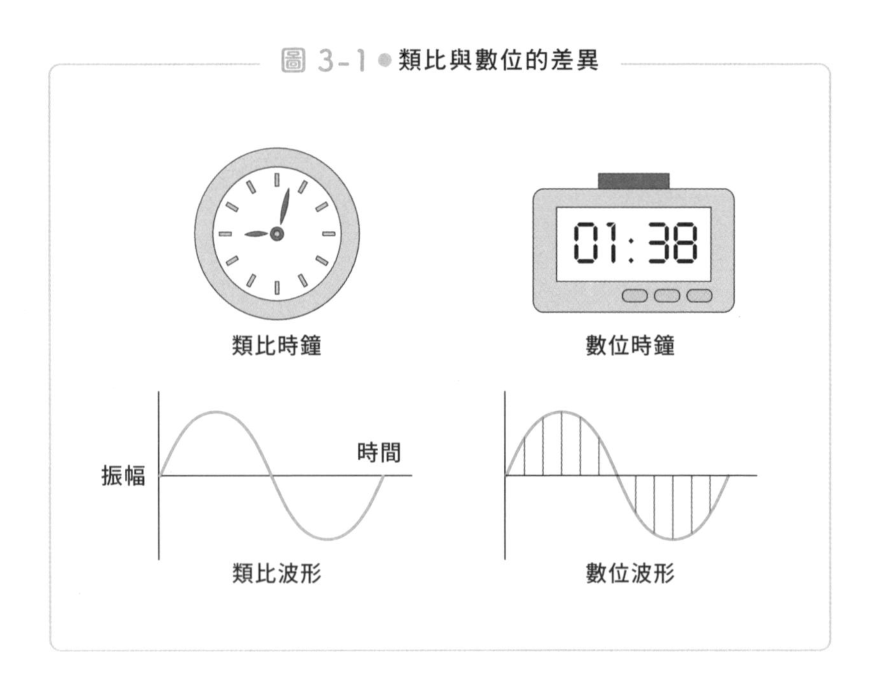

這裡說的數位的本質，指的是「電腦可理解的資訊」。譬如圖3－1的數位時鐘顯示「01：38」的「數字」，可輸入電腦處理。

另一方面，類比時鐘顯示的時間則無法直接輸入電腦中處理。不過，如果用數位相機拍下將類比時鐘的鐘面，再把數位影像輸入電腦分析，電腦就有可能知道是什麼時間。此時用到的數位影像，自然是數位資訊。

而在電腦中進行計算的元件，就是半導體元件。也就是說，**半導體所理解的「數字」，必為數位資料**。

不過，半導體所處理的數字，與我們平常使用的數字略有差異。半導體只認得0與1。與人類所使用的10進位制不同，半導體使用的是**2進位**制。

2進位制的數字僅由0與1構成，如圖3－2所示。2進位的1與10進位一樣都是1。不過2進位沒有2，所以當我們想用2進位來表示10進位的2時，必須進位寫成10。

用半導體製成的記憶體容量，常是256、1024、65536等看起來不怎麼乾脆的數字。不過，如果轉換成半導體所使用的2進位制，這些數字就會變成剛剛好的整數。

圖3-2 ● **2進位的表記方式**

10進位	0	1	2	3	4	5	6	7	8	9	10
2進位	0	1	10	11	100	101	110	111	1000	1001	1010

256（10進位）→ 100000000（2進位）
1024（10進位）→ 10000000000（2進位）
65536（10進位）→ 10000000000000000（2進位）

然而，不管是10進位制還是2進位制，它們都是數字。2進位制數字的計算原理和10進位制並無不同。

圖3－3中以2＋3與3×3為例，比較10進位制與2進位制的計算方式。由此可以看出，2進位制的計算方式與10進位制相同。而且2進位制也可以定義小數，所以能用10進位數表示的數，就一定也能用2進位制來表示。

因此，只要是數字，半導體就看得懂。這些半導體看得懂的「數字」，就是所謂的數位資料。

要讓電腦處理資訊，也就是進行「計算」，需要2項半導體的技術。一項是可處理0與1等數位電路的半導體元件技術，另一項則是大量製造半導體元件的技術。

下一節起，我們將試著說明處理0與1的半導體元件技術。

圖 3-3 ● 2進位的計算

10＋11(2＋3)的計算

```
   10(2)
+  11(3)
--------
  101(5)
```

11×11(3×3)的計算

```
    11(3)
×   11(3)
---------
    11(3)
   11 (6)
---------
  1001(9)
```

※括弧內的數值為10進位數值

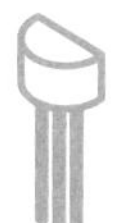

由nMOS與pMOS組合而成的CMOS

── 數位處理過程中不可或缺的電路

CMOS是處理數位資訊的基本元件。

CMOS的消耗電力較少、體積小，堆積方便。因此，對於處理0與1之數位訊號的半導體來說，CMOS是必要元件。現在的IC、LSI中，CMOS也是不可或缺的存在。

MOSFET包含nMOS與pMOS這2種（參考第86頁）。若**將nMOS與pMOS組合在同一塊基板上，便可得到CMOS電路**。CMOS的C是「Complementary」的首字母，為「互補」的意思。

圖3－4為CMOS的電路示意圖。如圖所示，CMOS為pMOS與nMOS串聯而成。圖中左方與右方為相同的半導體，只有MOSFET的符號不同而已。

將pMOS與nMOS的閘極接在一起，施加相同的輸入電壓V_{IN}。接著，再將pMOS與nMOS的汲極接在一起，得到輸出電壓V_{OUT}。

如同我們在MOSFET這一節中提到的（參考2－6節），相同的閘極電壓下，pMOS與nMOS的動作相反。也就是說，當閘極電壓為正時，nMOS為ON、pMOS為OFF。

圖 3-4 ● CMOS 電路

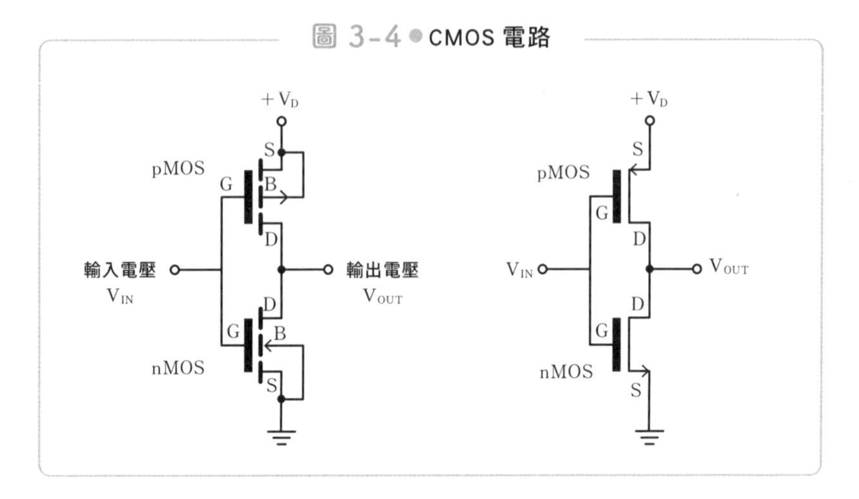

所以說，如圖3－5所示，當閘極輸入正電壓時，pMOS為OFF狀態；不過此時的nMOS卻處於ON狀態，由於輸出端接地，為0伏特，故此時的輸出電壓幾乎等於0伏特。

相對的，當閘極電壓降至0伏特左右時，nMOS變為OFF狀態，此時的pMOS則處於ON狀態，故輸出電壓等於電源電壓 V_D。

也就是說，CMOS的輸入為HIGH（V_D）時，輸出為LOW（0V）；輸入為LOW時，輸出為HIGH。這種輸入與輸出相反的電路，稱為反相器電路。數位電路中，反相器電路常用於製作反轉ON、OFF狀態的元件。

在LSI上製作CMOS電路時，需在同一個半導體基板上製作nMOS與pMOS這2個相反的MOSFET。

圖3－6為CMOS的結構。製作CMOS時，會先在p型Si基板上製作nMOS。此時，為了要製作pMOS，要先在p型Si基板上製作n型區域，此區被稱為n**井**（Well：井的意思），再於n井中製作pMOS。

圖 3-5 ● CMOS 電路的運作原理

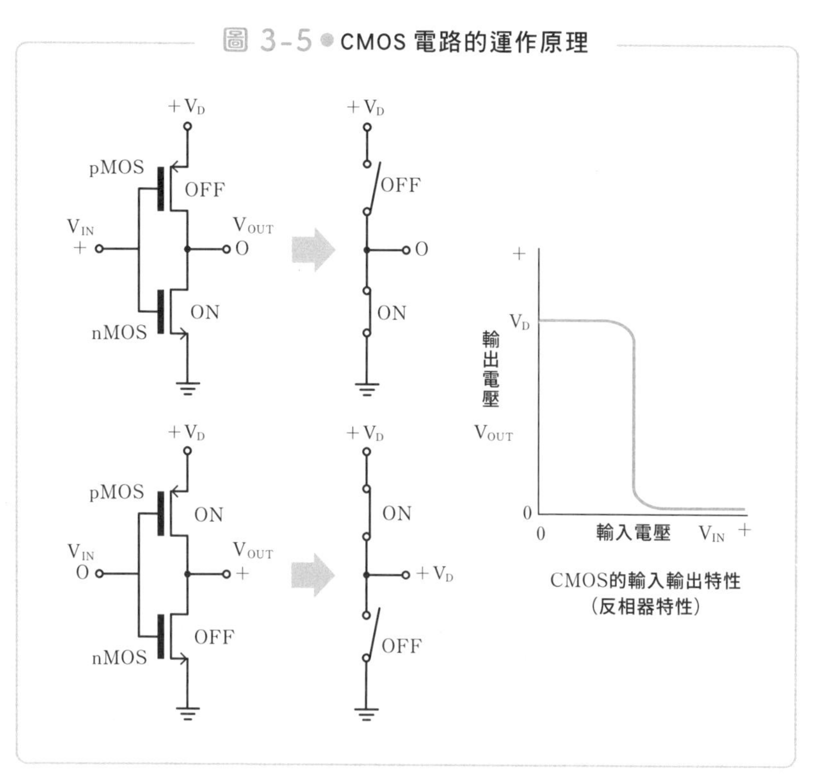

圖 3-6 ● CMOS 的結構

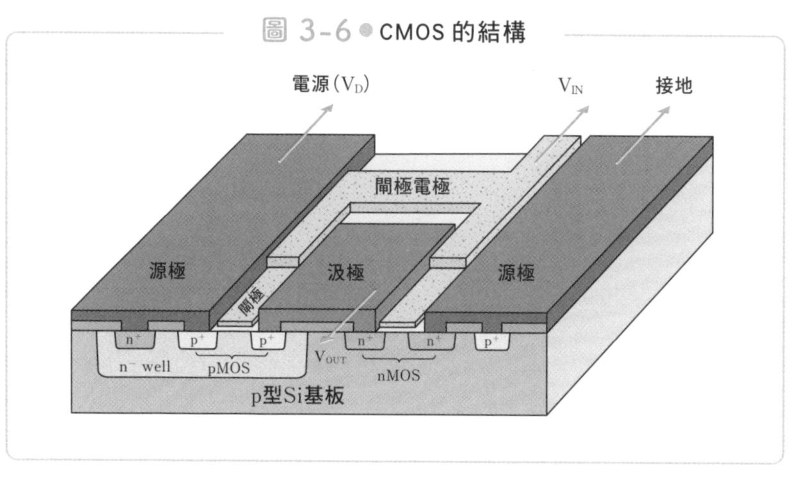

另外，單一個nMOS也可以製作出反相器電路，圖3－7就是一個例子。

圖中，輸入電壓V_{IN}等於nMOS的閘極電壓V_G。當閘極電壓比閾值電壓V_{th}還要低時，nMOS為OFF狀態，汲極電流I_D為零，故輸出電壓V_{OUT}等於電源電壓V_D。

另一方面，當閘極電壓V_G超過V_{th}時，汲極電流開始流動。當閘極電壓達到V_{G1}時，nMOS的汲極電流會達到飽和狀態，相當為完全處於ON狀態的開關。此時，輸出電壓幾乎為0伏特。

當閘極電壓在V_{th}與V_{G1}之間時，閘極電壓與汲極電流會成正比，所以可做為類比訊號的線性放大器使用。

由於這個nMOS反相器電路，在電晶體處於ON狀態時，一直會有電流通過，因而會消耗大量電力，是一大缺點。

另一方面，**CMOS不管是ON狀態還是OFF狀態，都不會有電流通過，故消耗電力幾乎等於0。對含有大量電路的數位電路LSI來說，大幅減少電力的消耗是個很大的優點。**

圖 3-7 ● 僅由 nMOS 構成的反相器電路

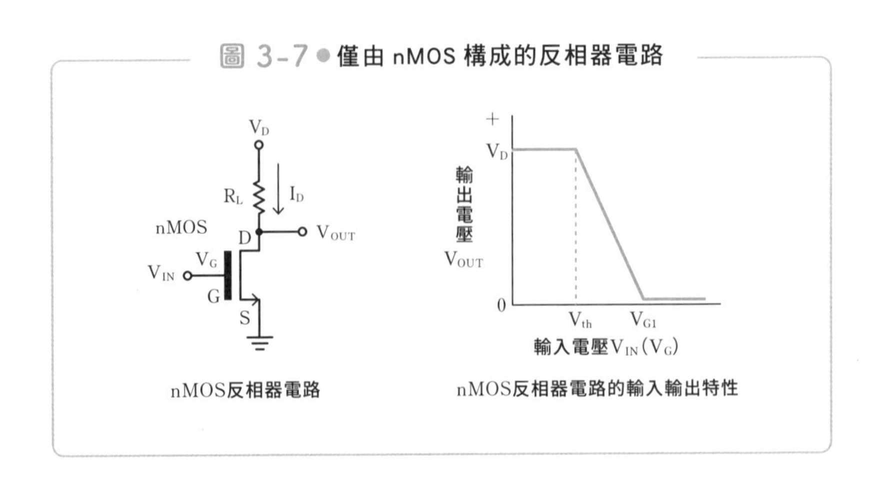

nMOS反相器電路

nMOS反相器電路的輸入輸出特性

然而在1970年代左右，CMOS電路仍有運作速度過慢的問題。在相當要求運作速度的電腦領域中，仍以高速的nMOS反相器為主流。CMOS電路之所以會那麼慢，是因為要在同一個基板上製作nMOS與pMOS這2種MOSFET的關係，沒辦法將兩者同時最佳化。由圖3－6的CMOS剖面圖可以知道，p型Si基板與n型井的雜質濃度沒辦法各自調整，這就是電路運作速度拉不上來的原因。

學者們在接下來的研究中，努力消除這項缺點。於1978年，日立開發了雙重井結構的CMOS，如圖3－8所示。在Si基板上同時製作p型井與n型井，分別最佳化2個井的雜質濃度，成功實現CMOS的高速運作。

研究進行到最後，CMOS電路的運作速度終於能夠與nMOS電路並駕齊驅。現在的CMOS已經完全是主流技術，幾乎所有數位電路都會採用CMOS。

圖 3-8 ● 雙重井結構的 CMOS

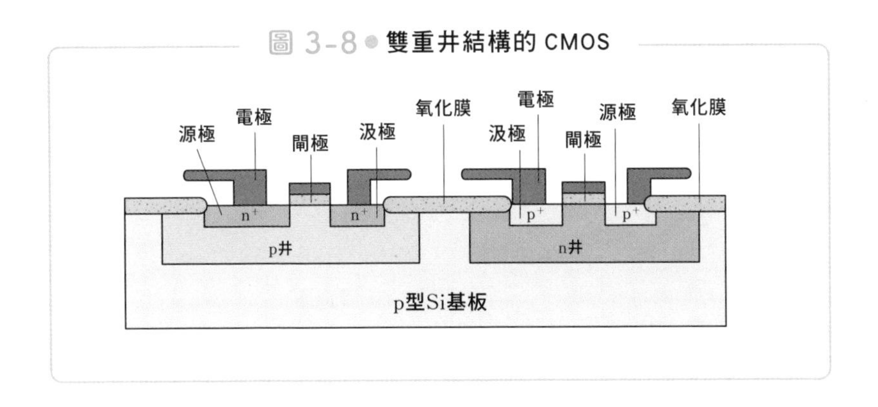

CMOS電路的計算機制

——只用0與1便能進行複雜計算

前面介紹，CMOS電路可將HIGH（1）與LOW（0）的電壓反轉。除了0與1的反轉之外，半導體還可以進行更複雜的計算。

這些計算的數學基礎，是名為**布林代數**的數學領域。**布林代數是只處理0與1這2個數值的數學，而布林代數的計算過程可以透過半導體電路實現。**

布林代數的初步演算方式如圖3－9所示。這裡列出的是**邏輯非（NOT）**、**邏輯且（AND）**、**邏輯或（OR）**等3種計算。因為是布林代數，所以式中變數A與B的數值只有可能是0或1。譬如當A＝1時，$\overline{A}$＝0；當A＝1且B＝0時，A・B＝0且A＋B＝1。

圖 3-9 ● 主要的邏輯運算

邏輯非 (NOT)	$\overline{A}$	⟶ 若A為1則得0，若A為0則得1
邏輯且 (AND)	$A \cdot B$	⟶ 若A與B皆為1則得1，其餘情況得0
邏輯或 (OR)	$A + B$	⟶ 若A與B皆為0則得0，其餘情況得1

這種布林代數的運算可透過CMOS電路實現。

首先，圖3－10已顯示出可用CMOS實現邏輯非（NOT）。這就是前一節中介紹的反相器電路。

再來，邏輯且的電路如圖3－11所示。此時輸入為A與B的2個端子，輸出為OUT的1個端子。若以圖中的方式製作MOSFET電路，便可實現邏輯且的計算。

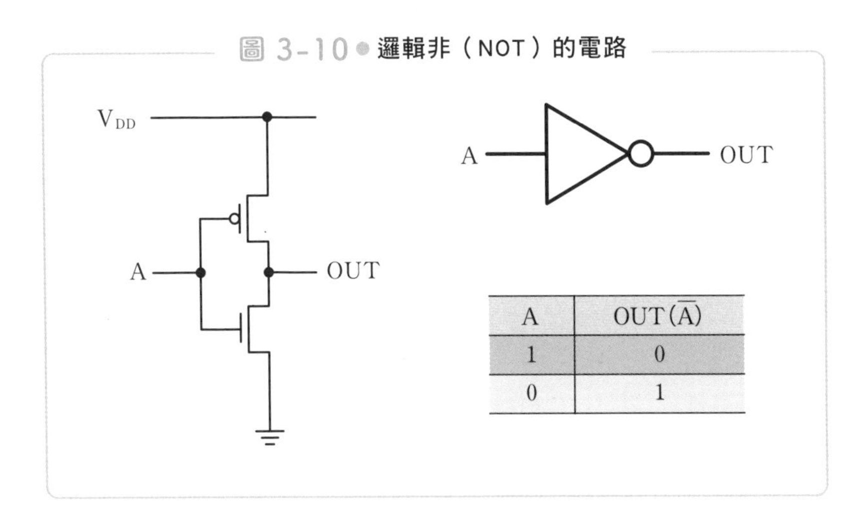

A	OUT($\overline{A}$)
1	0
0	1

圖 3-10 ● 邏輯非（NOT）的電路

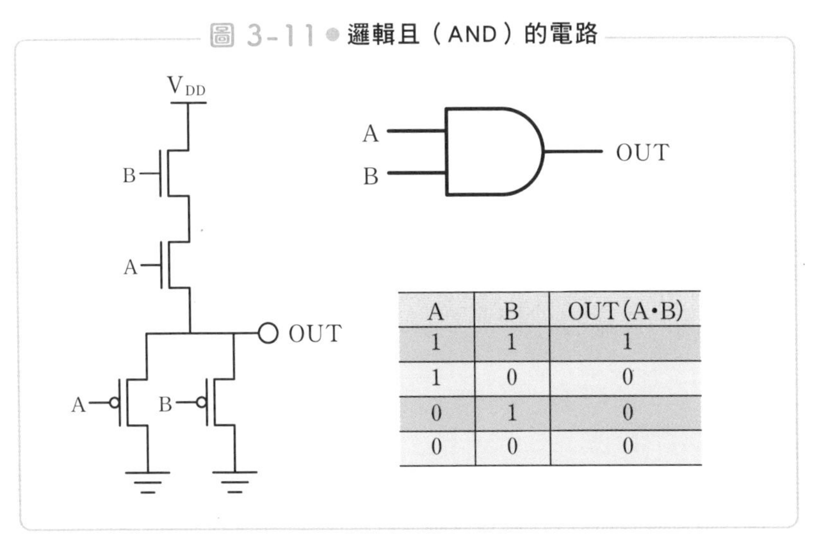

A	B	OUT(A•B)
1	1	1
1	0	0
0	1	0
0	0	0

圖 3-11 ● 邏輯且（AND）的電路

最後，邏輯或的電路則如圖3－12所示，需要6個MOSFET。與邏輯非和邏輯且相比，邏輯或需要的MOSFET數明顯較多。不過，只要能做出這樣的電路，就可以進行邏輯或的計算了。

以上是布林代數的初步演算。然而，即使是有很多個輸入、輸出的複雜演算，只要適當組合CMOS電路，一樣有可能實現。

以下讓我們試著思考如何用AND、OR、NOT製作出2進位的加法電路。假設這個電路的輸入為A與B，輸出為C與D，其演算結果應如圖3－13所示。這個2進位的加法計算過程可寫成「A＋B＝CD」。

這個演算的輸入電路如圖3－14(a)所示。舉例來說，當A＝1、B＝1時，確實可以得到C＝1、D＝0這樣的輸出結果。

隨著半導體技術的發展，現代電腦的能力已十分驚人。譬如人工智慧、圖像辨識等等，電腦處理複雜資訊的能力已可匹敵人類。

不過，電腦計算的根本原理還是在於0與1等布林代數的運算。之所以能進行複雜計算，單純是因為電腦能以很快的速度，處理非常多的

圖 3-12 ● 邏輯或（OR）的電路

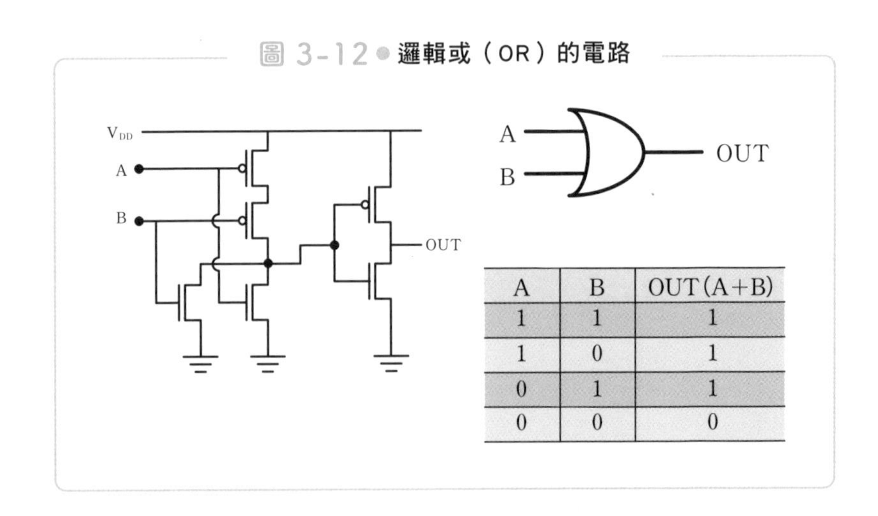

A	B	OUT (A+B)
1	1	1
1	0	1
0	1	1
0	0	0

圖 3-13 ● 2 進位加法的邏輯演算

$C = A \cdot B$

$D = (A + B) \cdot (\overline{A \cdot B})$

$A+B=CD \quad \begin{bmatrix} 0+0=00 & 0+1=01 \\ 1+0=01 & 1+1=10 \end{bmatrix}$

A	B	C	D
0	0	0	0
0	1	0	1
1	0	0	1
1	1	1	0

布林代數運算。從電腦誕生至今，這個基本原理在50多年來都沒有任何改變，未來大概也不會有變動。

圖 3-14 ● 可進行 2 進制加法的電路例子

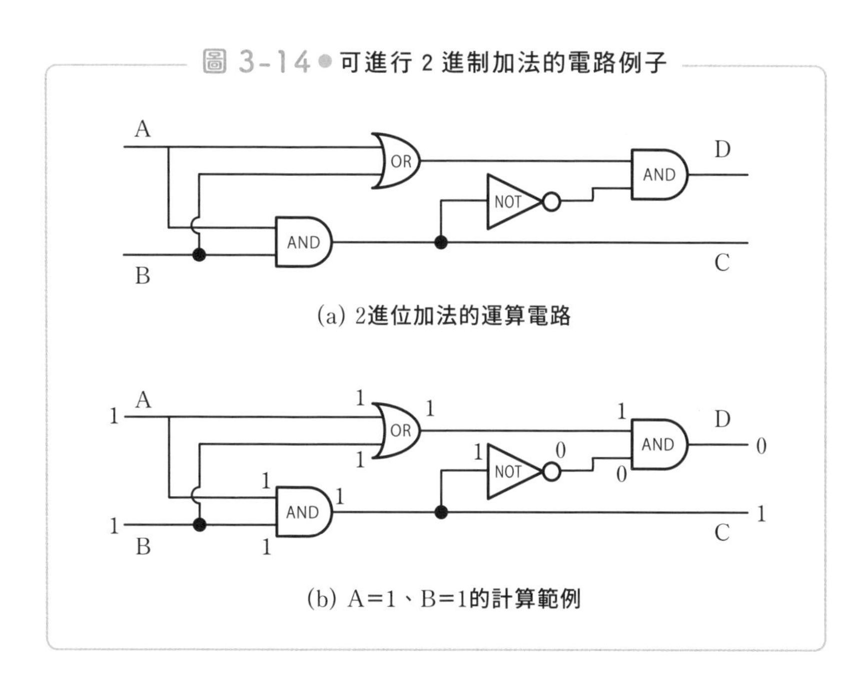

(a) 2進位加法的運算電路

(b) A=1、B=1的計算範例

IC是什麼？LSI是什麼？

——在同一個半導體基板上製作電子電路

電晶體原本是用來取代真空管的元件。這些電晶體會與電阻器、電容器等元件一起裝在印刷電路板上，以焊接方式連接板上電路。

不過，元件數目愈多，成本也會跟著提升，且故障率也會跟著增加，使整個產品的可靠度下降。

於是研究人員就如同圖3－15所示，將多個電晶體、MOSFET、電阻器、電容器等元件，以及連接這些元件的電路，製作於單一個矽晶片上，而所得到的複雜電路，稱為**IC**（Integrated Circuit：積體電路）。

圖 3-15 ● 從印刷電路板到 IC

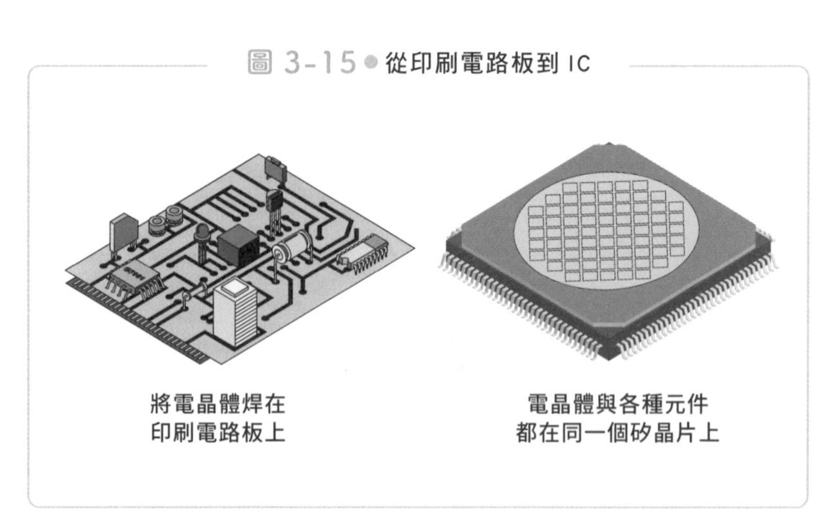

如同我們在2－7節「半導體元件的製作方式」中提到的，晶片由光蝕刻法製成，只要有1個光罩，那麼不管是製造1個晶片還是100個晶片，成本與時間都不會差太多。因此研究人員們開始致力於縮小晶片上的各種元件，希望能在同一個晶片上彙集更多元件。

於是，晶片便開始趨向大型化、聚積化，如IC→**LSI**（大型積體電路）→**VLSI**（超大型積體電路）。雖然沒有明確定義，不過一般而言，如果1個晶片上有1000個以上的元件，便稱為LSI；如果有10萬個以上的元件，便稱為VLSI。

就像我們在上一節中提到的，製作數位電路時，需將許多CMOS塞進電路。這種高聚積化的過程，大幅開拓了半導體的可能性。

電子電路的聚積化除了可以將數位電路聚積化之外，還有許多優點。

首先是因為小型化伴隨而來的低耗電化。聚積度高時，配線較短，因而電力消耗量少，可節約能量。若能減少產生的廢熱，也可延長機器壽命。

再來，因為配線與其他元件是同時製造出來的，故可減少配線連接上的不穩情況，提高晶片的可靠度。如果是焊有各種元件的傳統印刷電路板，那麼在接觸部分常會發生問題。

發明了IC的德州儀器（TI）的基爾比（J. S. Kilby）在1959年2月時，提出了圖3－16的專利。

這就是著名的**基爾比專利**，可在同一個半導體結晶基板上，經相同製程後，形成電晶體、二極體、電阻器、電容器、配線等結構。這項劃時代技術的重點在於，所有構成電路的元件，都可在Si半導體晶片上

圖 3-16 ● 基爾比專利

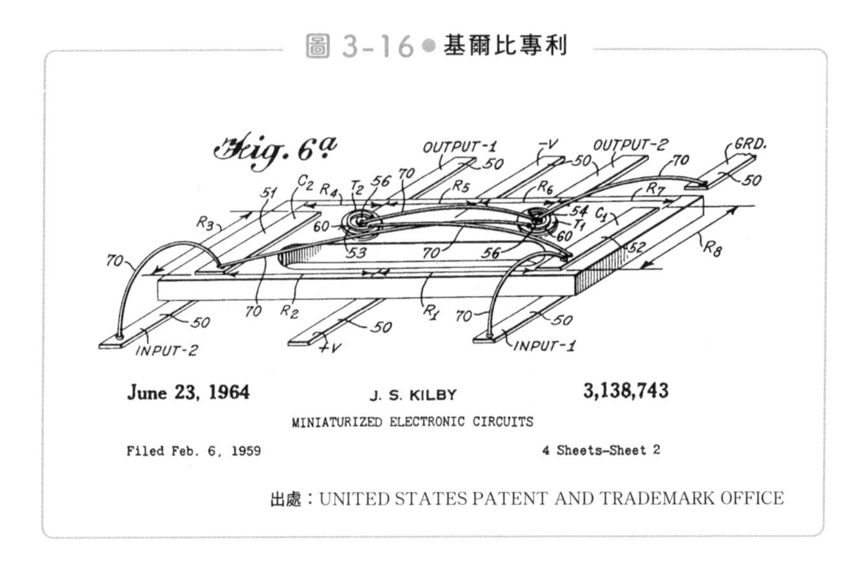

出處：UNITED STATES PATENT AND TRADEMARK OFFICE

實現。

從今日的觀點看來，基爾比提案並實際製作出來的IC沒什麼大不了的，但因為「在同一晶片上搭載許多電晶體、二極體、電阻器、電容器，構成1顆IC」的概念成為了專利，所以對其他半導體廠商而言，之後的一段時間實在相當難受。

直到以平面型電晶體技術為基礎的Si平面型IC技術誕生，才使基爾比提出的概念進入實用階段。這項技術是由快捷半導體的諾伊斯（Noyce）提出，於1959年7月申請專利，如圖3－17所示。

基爾比專利是將多個元件配置在同一個基板上，形成電子電路的IC，但不能妥善處理元件與元件之間的電性分離。諾伊斯的Si平面型IC技術，會在Si基板的各個元件之間形成SiO_2等絕緣膜隔開各個元件，故可配置更多元件，再將元件透過絕緣層以晶片上的配線連接。

這項技術可大幅提高生產性與可靠度，開闢了IC高聚積化的道路，可以說是今日LSI技術的骨幹。

後來，德州儀器與快捷半導體就為了IC專利爭論不休，訴訟持續了10年。最後，法院認定基爾比專利與諾伊斯專利皆有效。

諾伊斯專利提出的平面化方式中，不僅是配線方式，就連元件的分離方式也相當實用。另一方面，基爾比的專利從今日看來，在完成度上並不出色，卻是世界上首次被提出來的IC概念，有一定的價值。

圖 3-17 ● 諾伊斯專利

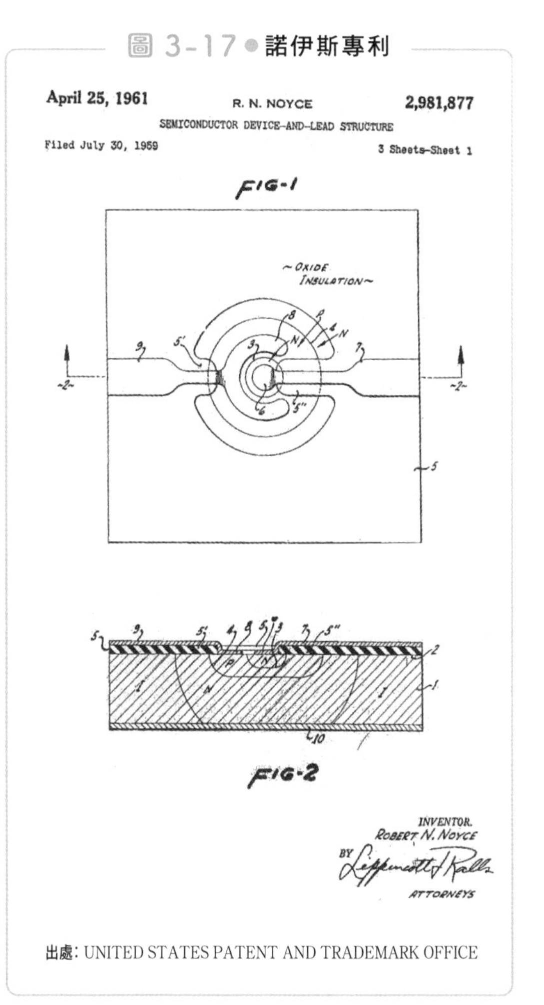

出處：UNITED STATES PATENT AND TRADEMARK OFFICE

3-5

微處理器：MPU

—— 在日本計算機廠商的點子之下誕生

電腦的基本架構如下方圖3－18所示，**CPU**（Central Processing Unit：中央處理器）扮演著核心腳色。

CPU的腳色功能就像電腦的頭腦一樣，是由演算裝置與控制裝置構成。演算裝置負責進行各種演算處理，也就是對輸入的資料進行計算工作。

另一方面，控制裝置負責解讀各種命令再傳送至演算裝置，並控制電腦內的資料流動。包括讀取記憶體內的程式、將演算結果送回記憶體、接收來自輸入裝置與記憶裝置的資料、將資料送至顯示器等輸出裝

圖 3-18 ● 電腦的基本架構

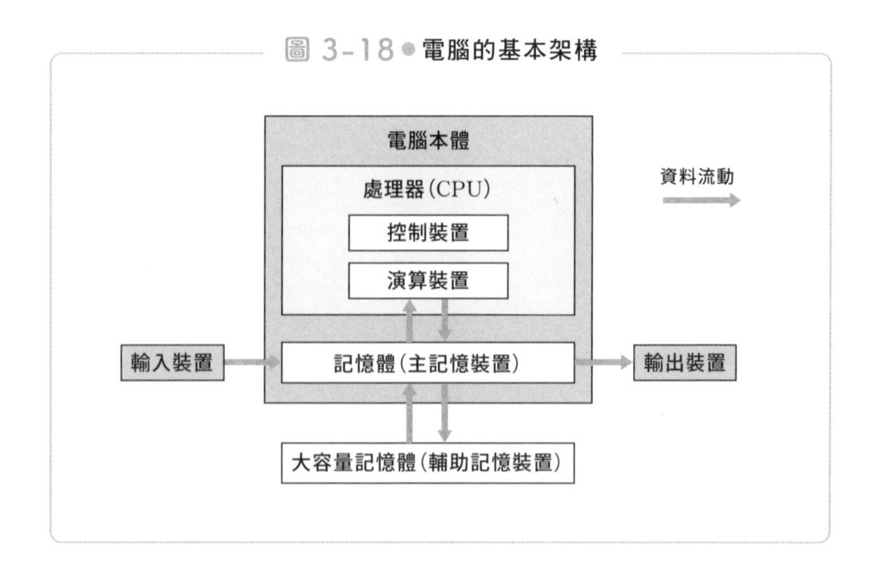

置等等。

在LSI尚未誕生的年代，電腦體積相當龐大，內部負責進行複雜計算的CPU由數量龐大的電晶體構成，每個元件間以銅線連接。裝置內部就像許多蜘蛛網一樣，這讓當時的技術人員十分辛苦。光是電晶體的散熱就是個很大的問題。

現在的CPU中，所有電路都聚集成了1個小小的LSI，所以也叫做微處理器（MPU：Micro Processing Unit）。可以把它想成是小型的電腦。

由於CPU與MPU並沒有明確的分界，故像本書一樣，把它們當成相同的東西並不會有什麼問題。

除了電腦之外，MPU也被用在現今社會的許多地方。譬如，空調需要一邊讀取目前的室溫資料，一邊控制空調的風速或加熱器的溫度，整個過程有一定的複雜度。這些需要控制某些東西的機器，都有使用到MPU。

現代社會中，要是沒有MPU，幾乎所有家電都無法運作，這種說法並不誇張。除此之外，汽車或機械等也需以電力控制，所以也會用到MPU。現代汽車非常倚賴電子控制，1輛汽車就會用到100個左右的MPU。

據說在1960年代後期，美國公司英特爾獲得了日本計算機製造商Busicom提供的靈感，才製作出了MPU。

在這段期間內，許多計算機廠商都投入資源研發新產品。不過，這些研發過程多著重於為各個計算機設計、製造專用的IC。

但每隔2、3年就要推出新的模組，得花費相當大的成本。於是Busicom公司的技術員便思考「能不能製作出1種『只要改寫記憶體內容，就會有不同功能』的計算機」。

簡單來說，Busicom的基本想法是，不要為各種計算機設計個別的電路，而是為每種計算機編寫不同的命令集程式，寫入各種計算機的ROM。他們最後沒能實現這個想法，不過他們把這個想法告訴了美國的英特爾公司。

當時的英特爾為專門製造記憶體的半導體公司，不過剛好那次與Busicom的交涉人員是電腦系統架構的專家，相當了解電腦的架構，這次交涉讓他有了MPU的靈感。

英特爾提出了2進位4位元的演算機，於是世界上第1個MPU——4004就此誕生。

此時的MPU僅用於計算機，只需要處理數值（0～9的數字），所以4位元就夠了。不過為了提升MPU的泛用性，英特爾於隔年推出了8位元的MPU（8008）。8位元計算機在設計上除了有計算功能之外，處理器還可以處理文字資料。8008改良後的8080（1974年），是世界上第1台個人電腦Altair使用的MPU。1978年問世的8086是世界上第1個16位元MPU，日本著名的國產個人電腦NEC 9801系列也有用到8086。

1985年時，第1個32位元MPU——80386 DX發售。進入1990年代後，英特爾發表了Pentium系列，其中Pentium 80586（1993年）為適用於Windows 95系統的MPU。

購買個人電腦時，常可看到「intel inside」之類的標示，這表示該電腦使用的是英特爾製的MPU。

綜上所述，MPU的心臟部分由許多電晶體構成。每個MOSFET都只有開關功能，是相當單純的元件，但這些元件組合起來之後，卻可以進行各種計算，控制周邊的各種機器。而且組合在一起的電晶體數目愈多，MPU的功能或處理能力就愈高。

圖3－19為英特爾製的MPU搭載之電晶體數目隨時間的變遷圖，最初（1971年）的MPU為4004，只有2300個電晶體；40年後，2011年製造的Xeon E7有26億個電晶體，是4004的100萬倍。這樣的進化速度，支撐著這些年來的IT發展。

可能有人覺得，如果只是想增加單一晶片的電晶體數目，那麼增加晶片面積不就好了嗎？但如果增加晶片面積，成本也會跟著增加，所以晶片不能做得太大。

4004晶片大小為12mm^2（3mm×4mm）。Xeon E7的電晶體數目增加為100萬倍以上，但晶片面積為513mm^2，只有4004的43倍。若不希望晶片變得太大，卻想要大幅增加電晶體數目，就必須縮小電晶體的大小才行，電路中的線寬（製程）也必須跟著縮小。

事實上，4004的線寬約為10 μm，Xeon E7的線寬則是32nm，只有4004的1/300。線寬隨時間的變遷也一併列於圖3－19。

換言之，**MPU的進化，可以說是微小化的過程。若電晶體變得更小，就可以在晶片內聚積更多電晶體，提高MPU的效能。**不僅如此，元件愈小，電子的移動距離愈短，使元件能高速運作。

事實上，4004的運作頻率只有1MHz左右，Xeon E7的運作頻率則已超過2GHz，是4004的2000倍以上。現在的MPU之所以能處理大量的聲音、圖像、照片、影片、密碼等資料，就是因為相關技術一日千里。

圖 3-19 ● 英特爾的 MPU 電晶體數目與線寬變遷

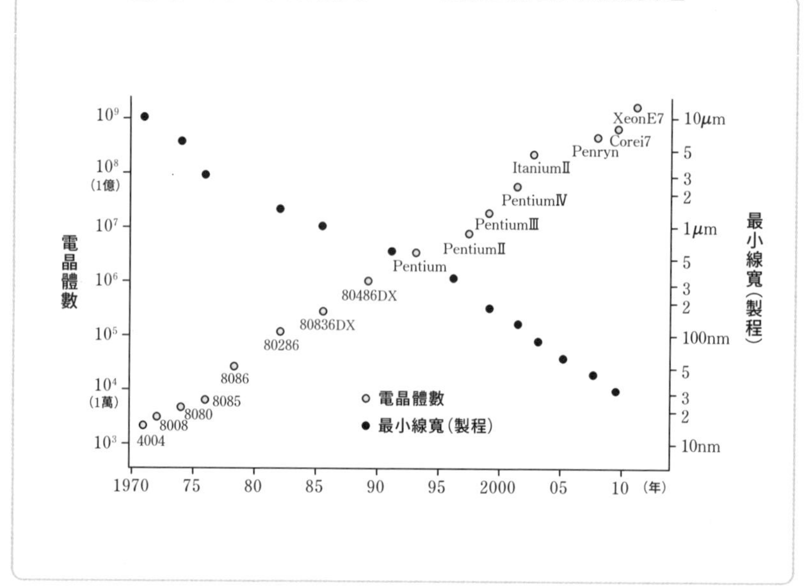

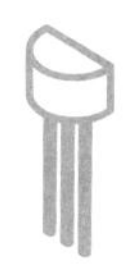

摩爾定律

—— 半導體的微小化可持續到何時？

1965年，英特爾的創始人之一——摩爾回顧了過去5年內單一晶片IC搭載的電晶體數目，發現每過1年，電晶體數會增加至原本的2倍。於是，摩爾就在雜誌上發表了相關文章，預測這個趨勢在未來應該會持續下去。

這就是著名的「**摩爾定律**」。摩爾發表這篇文章時，1個晶片上約聚積了64個電晶體。他預測10年後的1975年，1個晶片約可聚積約65,000個元件。

圖3－20為DRAM單一晶片的電晶體數目變遷示意圖。在摩爾發現這個「定律」的時候（1965年），電晶體數目確實以1年增為2倍的速度成長。不過，在這之後減緩到了2年增為2倍。所以後來摩爾自己也把摩爾定律修正成「2年（24個月）倍增」。

另外，如果晶片大小不變，卻希望晶片搭載的元件數目增加，那麼每個元件就必須做得比原本小才行，電路的線寬也得跟著變窄。

圖3－20顯示線寬（製程）有微小化的趨勢。最早的1kb DRAM於1970年誕生，線寬為10 μm；相較於此，現在的線寬則僅有20nm。圖3－19（第128頁）中，MPU的電晶體數目也遵循著摩爾定律，隨時間增加。

圖 3-20 ● 單一晶片可聚積的電晶體數目隨時間的變遷

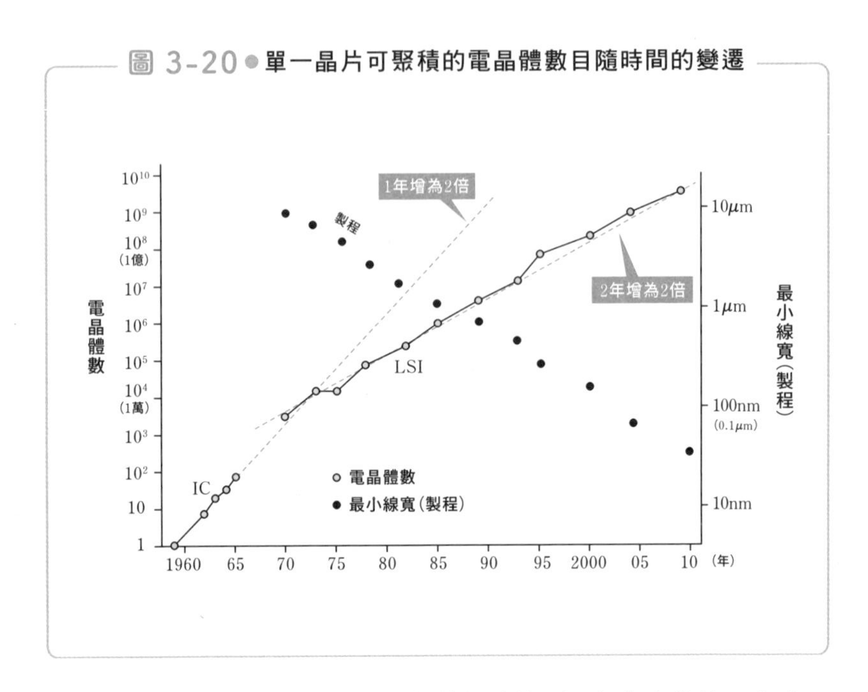

這個摩爾定律是沒有理論根據的經驗法則，但在之後的40年內，每個晶片上搭載的電晶體數目都遵循著這個「定律」隨時間增加，使摩爾定律成為了半導體技術與業界的重要指引。

不過近年來，有不少人認為摩爾定律不久後就會失效，因為製程（線寬）的微小化已經接近極限。

在2020年時，商業產品中最小的製程為5nm，只有矽晶體之晶格常數（約0.5nm）的10倍。半導體元件由結晶構成，所以不可能做得比晶格常數還要小。

試著與微小物體比較後可以發現，一開始的半導體元件大約與細菌差不多大，現在的半導體元件則小到與病毒或DNA差不多大，如圖3－21。

以光蝕刻技術於矽晶刻上電路圖樣時，電路的寬度也會受到光波長的限制。

此外，微小化後，元件的區隔也是個問題，要是閘極的氧化膜變得太薄，產生漏電流的話，會造成很大的麻煩。雖然有些問題在技術上可以解決，但花費的成本過高昂，難以商用化，其他解決方式也有層層阻礙。

其實，摩爾定律曾在2000年左右就被認為即將達到極限，不過隨後出現了技術突破，使摩爾定律能夠維持下去。

譬如，在維持氧化膜厚度的情況下，增加閘極電容量的High－k絕緣體技術；減少配線電容量的Low－k介電質膜技術；在通道部分施加應力以提高實際電子移動率的技術；於曝光時以光罩控制光的相位，使光能刻出長度小於光波長的細微結構；在液體中曝光以縮短實際的光波長等等，多種技術陸續投入應用。

圖 3-21 ● 各種物體的大小

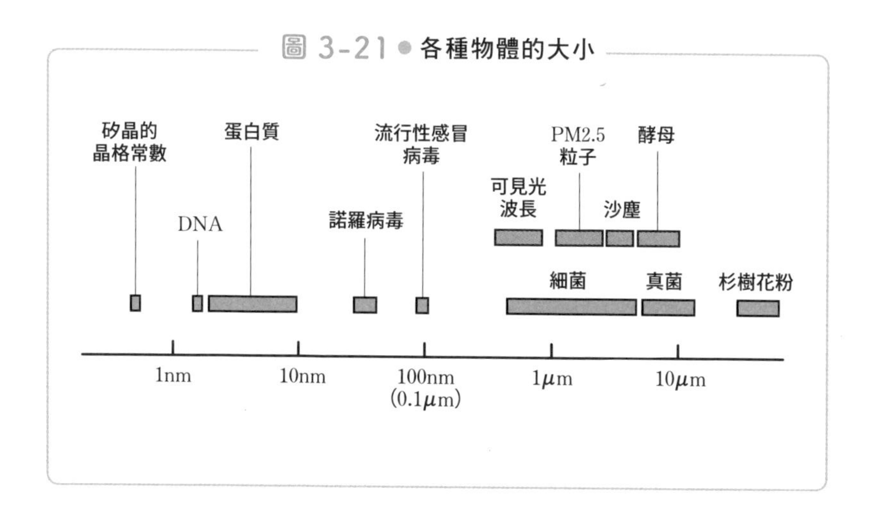

從16nm世代起導入的**FinFET**技術，是近年來相當重要的革新。過去平面型的MOSFET變成了三維結構，實現了微小化，如圖3－22所示。

然而，隨著微小化產物愈來愈接近晶格常數，要進一步聚積元件，技術上就變得相當困難。不過，現在研究人員們也發現了或許能克服這些困難的技術。摩爾定律究竟能持續到何時呢？這個技術人員與物理極限之間的戰爭還會持續下去。

圖 3-22 ● 平面型 MOSFET 與 FinFET

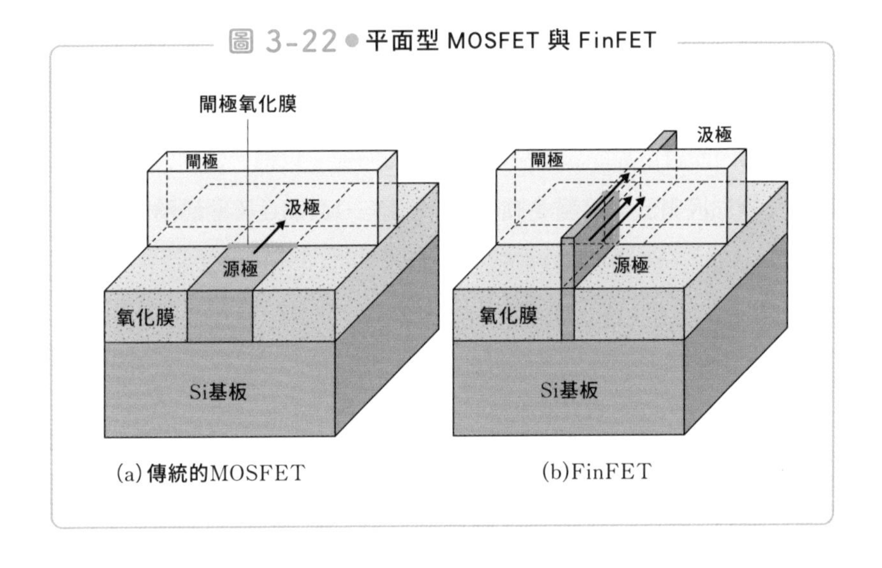

(a)傳統的MOSFET (b)FinFET

3-7 系統LSI的製作方式

——如何設計大規模半導體？

接著要說明的是，該如何設計大規模的系統LSI。

圖3－23為系統LSI的設計流程。

大致而言，首先要設計的是系統的規格，列出這個系統需要哪些元件、必須擁有哪些功能。接著在運作層面，設計其邏輯運算方式，最後將這些資料轉換成布局資料（layout data），也就是用於製作遮罩，以轉錄到晶圓上的資料。

圖 3-23 ● 系統 LSI 的設計流程

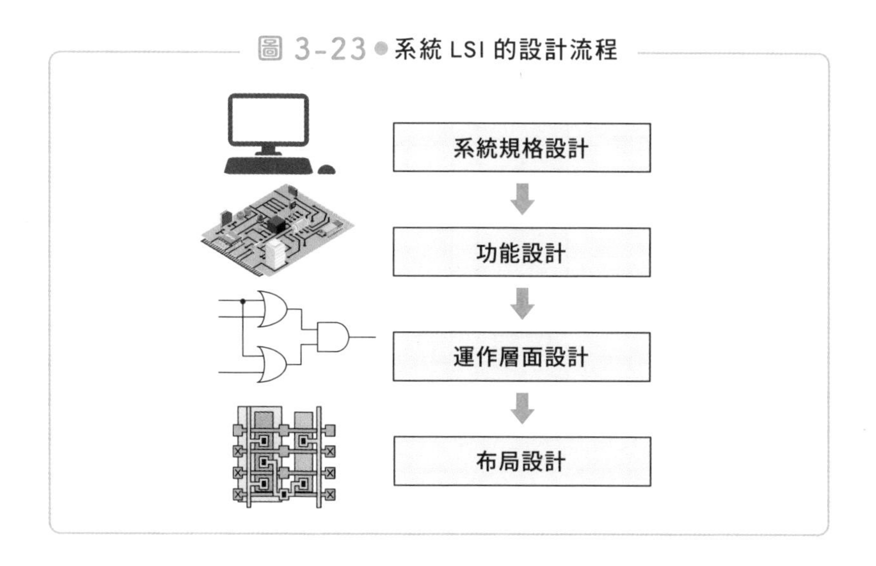

系統LSI設計的上游設計的是「系統」，與用電腦建構系統的方法類似。其中最上游的是系統規格設計，也就是列出這個系統的目的是什麼，需要哪些能力等等。

再來是功能設計。系統規格設計需列舉出規格，功能設計則需從中提取出必要的構成要素。譬如，是否需要256MB的DRAM、是否需要USB介面、是否要有圖像處理功能等，將必須具備的功能逐一分析並列出。

此時，一般常用的功能，譬如控制DRAM時使用的DRAM控制單元等，可採用各種LSI通用的設計，這樣會方便許多。而這些通用的功能區塊，統稱為**IP**（Intellectual Property）設計資料。實務上的功能設計，多是從已有的IP中選出需要的IP。

另外，設計公司也可以販售IP給其他公司，或者向其他公司購買IP。做為一項事業，IP有很大的市場。

接下來的這個步驟是運作層面設計。在這個步驟中，就會實際建構邏輯電路。

讓我們以圖3－24被稱為半加器的邏輯電路做為例子，來說明設計的方式。

1990年以前，數位電路設計會直接設計邏輯電路。不過從1990年開始，一般會使用名為**RTL**（Register Transfer Level：暫存器轉移層次）的設計方式。

RTL的範例如同圖3－24(b)所示，看到圖就能夠得知它的寫法與電腦程式語言十分相近。這種RTL編碼經「邏輯合成」處理後，就可以得到邏輯電路。

自從開始以RTL處理邏輯電路後，大規模的電路設計就變得比以往輕鬆許多。

圖 3-24 ● HDL 的編碼範例

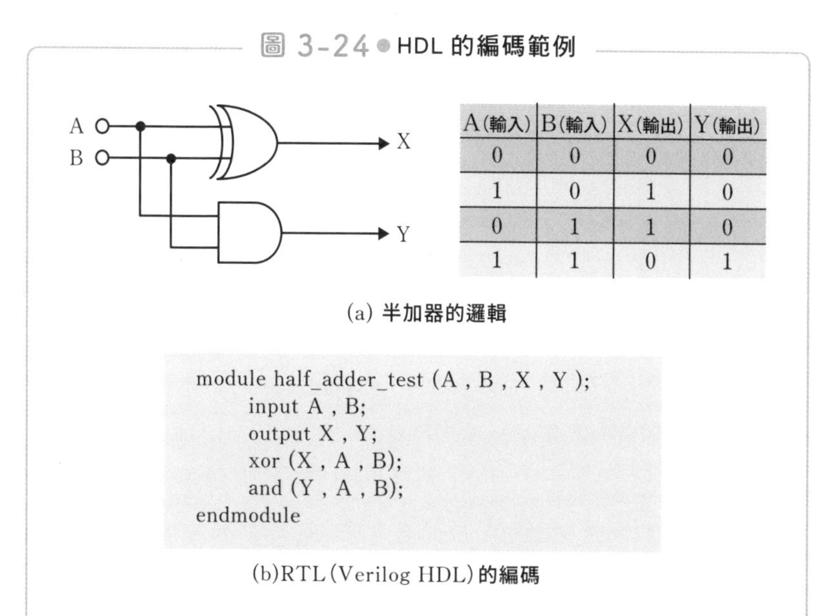

A(輸入)	B(輸入)	X(輸出)	Y(輸出)
0	0	0	0
1	0	1	0
0	1	1	0
1	1	0	1

(a) 半加器的邏輯

```
module half_adder_test (A , B , X , Y );
        input A , B;
        output X , Y;
        xor (X , A , B);
        and (Y , A , B);
endmodule
```

(b)RTL(Verilog HDL)的編碼

提到半導體設計，應該有不少人會聯想到由一堆連線構成的電路圖，但其實數位電路的設計比較接近撰寫程式。

設計好的邏輯電路經過模擬程序，確認它的運作與期待相符之後，就會進入布局設計。

大規模的系統LSI在產品完成後的測試工程十分重要。若能縮短測試時間，就能直接減少成本。因此，設計LSI時，會盡可能提高這個階段的測試效率，譬如通常也會設計測試用的電路。

最後則是要將邏輯電路的資料，轉換成實際的MOSFET電路，得到布局設計。這是為了輸出製造半導體時需要的光罩。

1個LSI上搭載的MOSFET數目超過數千萬個，有些甚至要以億為單位。要以人工方式將這些元件一一連接起來是不可能的事，此時就需要電腦工具的協助。

因此，設計者如圖3－25所示，在晶片上大致劃分各個區塊功能之後，就會用自動配線工具輸出最後的布局。

最後得到的布局資料需再經過模擬程序，確認是否能依預期的樣子運作。這種模擬必須將MOSFET的電力特性、配線的寄生電阻或寄生電容都考慮進去。需使用名為SPICE（Simulation Program with Integrated Circuit Emphasis）的模擬軟體，並考慮到元件的位置關係等等，有許多技術性的部分。

這部分的討論結束後，設計工作，也就是光蝕刻需要的光罩資料便告一段落，可以開始製造晶片了。

由前面介紹的各個流程，可以看出半導體設計過程中，使用的軟體十分重要。不只是模擬、轉換的精準度很重要，運作速度也很重要。LSI的設計資料非常龐大，驗證、轉換需要的時間超過10天也很稀鬆平常。若能縮短這段時間，就可以縮短設計期間。

圖 3-25 ● 布局設計的討論

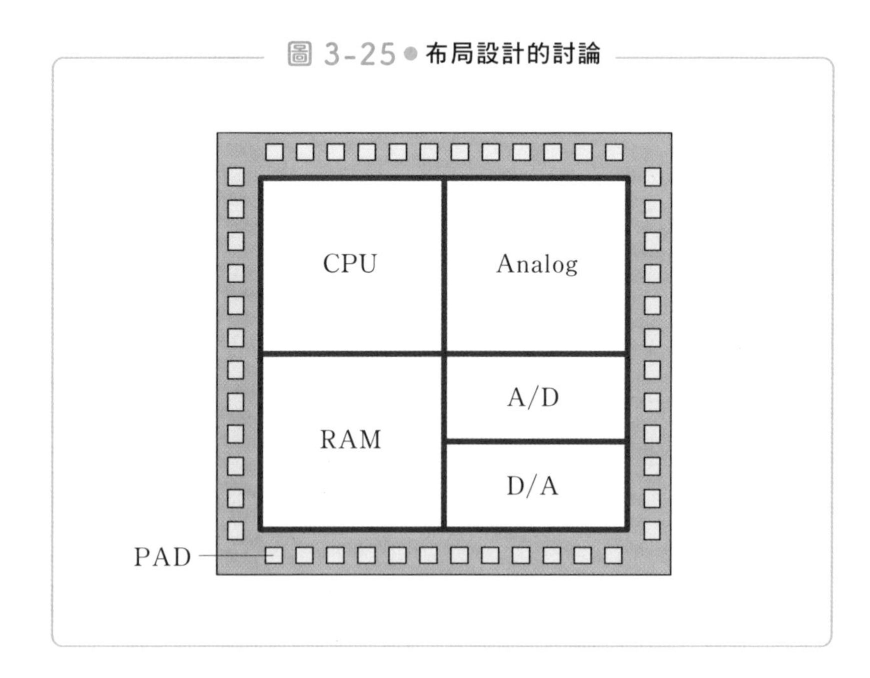

而設計人員在設計半導體時使用的軟體，是名為EDA（Electronic Design Automation：電子設計自動化）的軟體，是一套十分昂貴的軟體。

半導體之窗

「英特爾（Intel）」這家公司

發明電晶體的肖克利，最後選擇離開了貝爾實驗室，並於1956年時，於加州帕羅奧圖成立肖克利半導體公司。

當時肖克利曾邀請貝爾實驗室的研究人員們一起出來創業，不過深知他個性的同事們，沒有人願意加入。肖克利只好試著從外部募集大量優秀人才，其中包括了後來創立英特爾的著名學者摩爾（G. E. Moore）與諾伊斯（R. N. Noyce）。

不過在1957年夏天，肖克利創業後只過了1年半，摩爾、諾伊斯等8名厲害的員工便對肖克利的作法不滿，離開了肖克利半導體公司，另外設立了新的快捷半導體公司。肖克利嚴厲指責這8名員工，稱他們為「八叛徒」。

包括快捷半導體與英特爾在內的許多半導體公司都聚集在帕羅奧圖，以及其南部的聖荷西一帶，於是這個地區開始被稱為矽谷（圖3－A）。

最後，肖克利的事業失敗。不過肖克利半導體公司的設立，將許多優秀人才吸引到美國西岸一帶，成為了半導體研發飛速成長的契機。從之後的半導體發展道路看來，肖克利的公司有著十分重要的意義。

在平面半導體技術，以及由其衍生之IC技術的發展下，快捷半導體的業績急速成長。

但這個成長並沒有維持太久的時間，在1960年代後半便開始走下坡，盈利轉為負值。快捷半導體認為這是因為經營策略的失敗，以及公司內部組織出現問題，於是心灰意冷的諾伊斯便決定離職成立新公司。

摩爾、葛洛夫也認同諾伊斯的想法，於是他們3人辭掉了快

圖 3-A ● 矽谷

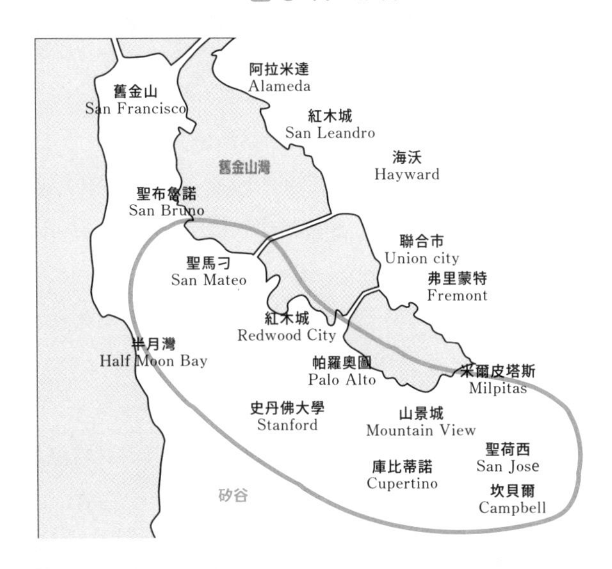

捷半導體的工作，於1968年創立了英特爾。英特爾（Intel）是「Integrated Electronics」的簡稱。

至今英特爾仍是著名的微處理器（MPU）頂尖製造商。在競爭激烈的矽谷半導體產業中，英特爾保持了50年以上的頂尖地位，說是奇蹟也不為過。支撐著英特爾營運的產品主要有2項。

第1項是DRAM。英特爾創立者之一的摩爾仍於快捷半導體工作時，曾進行過矽閘極MOS製程的相關研究。由他開發、以矽閘極製程製造的DRAM，就是英特爾最初的主要產品。

在英特爾創業第2年的1970年，他們製作出了世界上第1個DRAM（1kb）。DRAM成為了英特爾的暢銷產品，為公司帶來了龐大獲利。在這之後的10年間，英特爾皆以DRAM做為主力產品，業績也大幅成長。

第2項產品則是MPU。英特爾至今仍是世界第一半導體廠，而MPU正是奠定了這項地位的產品。就像我們在3－5節中提到的，英特爾跨入MPU領域的契機，是日本的Busicom公司提供的靈感，可以說是個偶然。

Busicom原本提議的是計算機的LSI開發計畫，由此聯想到MPU概念的人，是當時的英特爾的技術人員霍夫（Ted Hoff）。

英特爾曾是世界第一的DRAM半導體製造廠，但在1970年代後半，以日本廠商為首的多家競爭對手迎頭趕上，競爭變得十分激烈。到了1984年末，英特爾不得不放棄DRAM事業，從市場上撤退。

好在此時的英特爾還擁有MPU這個重要技術。從1980年代起，MPU便作為英特爾的主力產品，支撐著英特爾直至今日。要是英特爾沒有發明MPU，或許就很難以半導體製造廠的角色存續至今吧。

第4章

記憶用的半導體

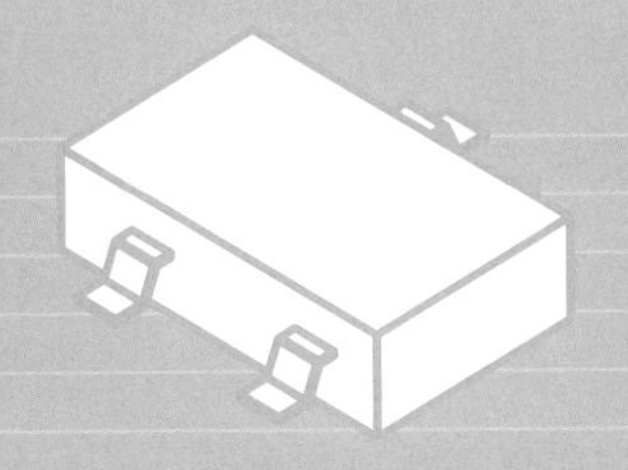

各種半導體記憶體

——唯讀的ROM與可複寫的RAM

半導體是「會思考」的零件。我們已在第3章中說明過半導體如何思考。不過，光是靠第3章所提到數位資訊的處理方式，半導體仍無法像人類一樣思考。

要像人類一樣思考，就必須擁有能「記錄」資訊的功能。人類思考時，會以記憶中的資訊為本。

本章將說明用來記憶的半導體「記憶體」。

如同我們在第3章中提到的，「會思考」的半導體需在數位世界中思考。因此，**記錄下來的資訊需先數位化，才能進行運算。半導體記憶體會以「1」或「0」的形式記憶這些資訊**。這裡的1或0的資訊單位，是1bit（**位元**）。

這些半導體記憶體由許多**儲存單元**（記憶元件）構成，一次會有多個儲存單元參與運作。

8個bit可組合成1B（位元組，Byte）；1×10^6個（100萬個）1B是1MB（Mega Byte）；1000個1MB是1GB（Giga Byte）。也就是說1GB由8×10^9個儲存單元構成。

依照讀取與寫入功能，我們可將半導體記憶體分成數個類別，如圖4－1所示。

圖 4-1 ● 半導體記憶體的分類

- **RAM**（Random Access Memory） ▶讀取、寫入用記憶體、揮發性
  - **SRAM**（Static Random Access Memory）
  - **DRAM**（Dynamic Random Access Memory）
- **ROM**（Read Only Memory） ▶唯讀記憶體、非揮發性
  - **Mask ROM** ▶無法複寫
  - **PROM**（Programmable ROM） ▶可複寫
    - **One Time PROM** ▶可複寫一次
    - **EPROM**（Erasable PROM） ▶可擦除、複寫
      - **UVEPROM**（Ultra Violet EPPROM） ▶使用紫外線
      - **EEPROM**（Electrically EPPROM） ▶使用高電壓
      - **快閃記憶體** ▶使用者可擦除、複寫

雖然半導體記憶體有各式各樣的種類，但大致上可以分成**RAM**（Random Access Memory）與**ROM**（Read Only Memory）。

RAM可以讓處理器隨機連接大部分的儲存單元。只要指定儲存單元的位址，就可以直接連接到該儲存單元，讀取出記憶內容、消去記憶內容，也可以在儲存單元寫下新資訊。代表性的半導體RAM中，有**DRAM**（Dynamic RAM：動態隨機存取記憶體）與**SRAM**（Static RAM：靜態隨機存取記憶體）2種。

電源斷開、即電源電壓消失時，這2種記憶體內的資訊也會跟著消失，故也稱為「**揮發性記憶體**」。

DRAM使用**電容器**（capacitor）記憶資訊，將電荷的有、無視為「1」、「0」。記憶部分的結構相當簡單（1個電晶體＋1個電容器），1個位元的成本相當低，即是DRAM的特徵。

然而隨著時間經過，電容器當中累積的電荷會逐漸漏失，而使得

資訊消逝。所以**每隔一段時間，就必須做一次再新（refresh）的動作，再次寫入資料**。由於DRAM每秒會再新數十次，所以稱其為動態（Dynamic）。

SRAM的記憶部分使用的是名為**正反器**的CMOS電路，因此不需要DRAM那樣的再新動作，可高速運作。

另一方面，SRAM的1個儲存單元需要4～6個電晶體，因而電路相當龐大，成本比較高，所以SRAM僅少量使用於要求高運作速度的地方。

ROM為唯讀（僅能讀取）的記憶體。將資訊寫入排列成堆的儲存單元後，就可以多次讀取相同資訊。

ROM儲存的資料以命令程式與初始資料為主，即使斷電也會保留這些內容。這些斷電後仍可保留內容的記憶體，稱為「**非揮發性記憶體**」。

Mask ROM是在製造時，透過燒錄線路儲存資料的半導體，無法更改內部儲存的資訊。洗衣機與電子鍋等家電所使用的微處理器，就會依照內部Mask ROM所寫的程式進行各種動作。

有些ROM雖然也是唯讀記憶體，卻可以用特殊方式，譬如紫外線、高電壓等擦除或複寫已儲存的資料，稱為EPROM（Erasable Programmable ROM：可抹除可程式唯讀記憶體）。不過，由於需要有特殊設備才能確實擦除、複寫，所以一般使用者無法自行改變ROM內的資料。

當可以使用高電壓複寫資料的EEPROM技術繼續發展後，**快閃記憶體**從而誕生。快閃記憶體運用於個人電腦、智慧型手機上，可擦除、複寫使用者的資料。由於十分方便，故在現今社會中被廣泛利用。也有人說快閃記憶體很接近RAM，但這畢竟是EEPROM衍生出來的產物，故仍歸類為ROM。

這些記憶體中，SRAM、DRAM、快閃記憶體特別重要，因而這裡暫且不談，留待之後的章節再詳細說明。

以上我們說明了各種記憶體的差別與用途。讀者或許會想問，為什麼有必要把記憶體分成那麼多種呢？

這和記憶體的特性與成本有關。

為了盡可能提高資訊處理速度、建構成本較低的系統，需要下不少工夫，譬如在靠近運算裝置的地方，得配置運作速度較快的記憶體；離運算裝置較遠的地方，則可配置低速卻便宜的記憶體。

如圖4－2所示，距離CPU較近的地方，會配置雖然昂貴，但快速的SRAM；外側會配置比SRAM慢，但相對便宜的DRAM；更外側則會配置低速、卻相當便宜的快閃記憶體。

假設你在書桌前，一邊讀書，一邊查詢相關資料。這種情況下，書桌上可能擺著幾本相關書籍，可以馬上翻閱，就像是SRAM。房間書架上可能有數十本書，取用需要花點時間，就像是DRAM。而要借閱圖書館中的數萬本館藏書籍則需要花更多的時間，這就像是大容量的快閃記憶體。

綜上所述，記憶體可依照取用速度與成本，分成幾大類別。

圖 4-2 ● 記憶體的取用

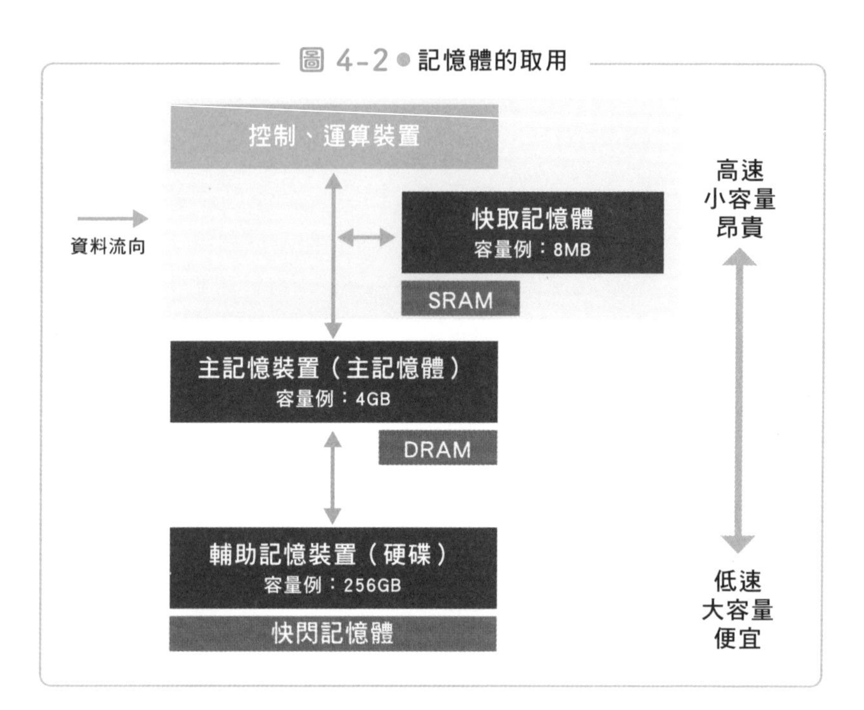
控制、運算裝置
資料流向
快取記憶體
容量例：8MB
SRAM
主記憶裝置（主記憶體）
容量例：4GB
DRAM
輔助記憶裝置（硬碟）
容量例：256GB
快閃記憶體
高速
小容量
昂貴
低速
大容量
便宜

半導體記憶體的主角：DRAM

── 用於電腦的主記憶裝置

1960年代後半，半導體記憶體於美國登場。包括雙極性電晶體的RAM或SRAM在內，多種記憶體陸續出現，目標是取代電腦原本使用的磁芯記憶體。

而最後一波主打的產品，就是本節將要說明的**DRAM**（Dynamic Random Access Memory）。英特爾於1970年發售的1103是世界上第1個DRAM，獲得了巨大的成功，一口氣取代了所有電腦記憶體。

DRAM不只功能強大，還可以將許多半導體元件聚積在一起。至今仍是主要半導體記憶體的之一。

DRAM的儲存單元由1個MOSFET與1個電容器構成，如圖4－3所示。MOSFET為存取開關，電容器有儲存電荷時代表「1」，無儲存電荷時代表「0」。

圖 4-3 ● DRAM 的儲存單元

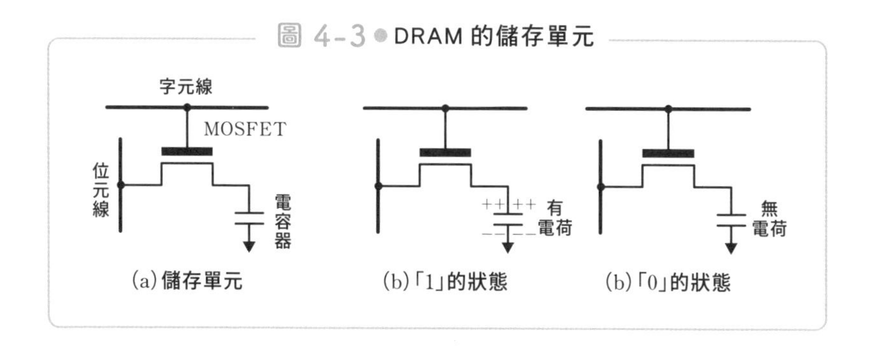

圖 4-4 ● DRAM 的結構

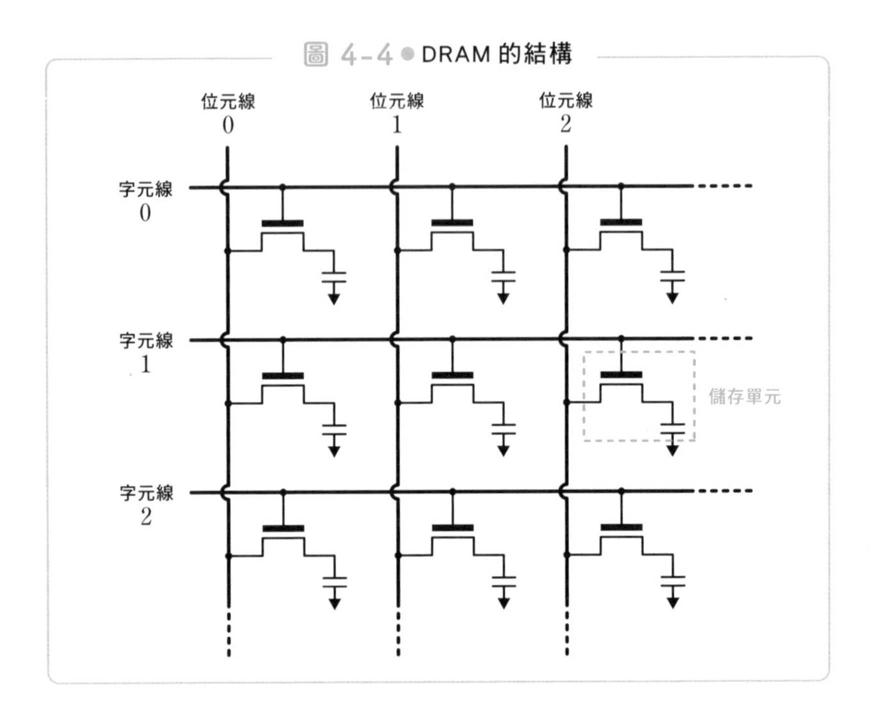

需記憶大量資訊的DRAM，儲存單元呈矩陣狀排列，如圖4－4所示。每個單元的電晶體皆與**位元線**（bit line）及**字元線**（word line）相連。我們可以透過位元線與字元線讀取儲存單元的資訊，或是寫入資訊。

寫入、讀取的方式如圖4－5所示。

該圖(a)為寫入「1」的情況，提升與該電晶體接觸的字元線電壓，使電晶體處於ON狀態。接著提升位元線電壓，使電流通過電晶體，為電容器充電。

另一方面，寫入「0」時，需在位元線電壓較低的狀態下，提升字元線的電壓。如此一來，電容器就會通過MOSFET放電，使電容器的電荷消失。

提升字元線電壓後，與字元線相連之所有儲存單元的電晶體便會

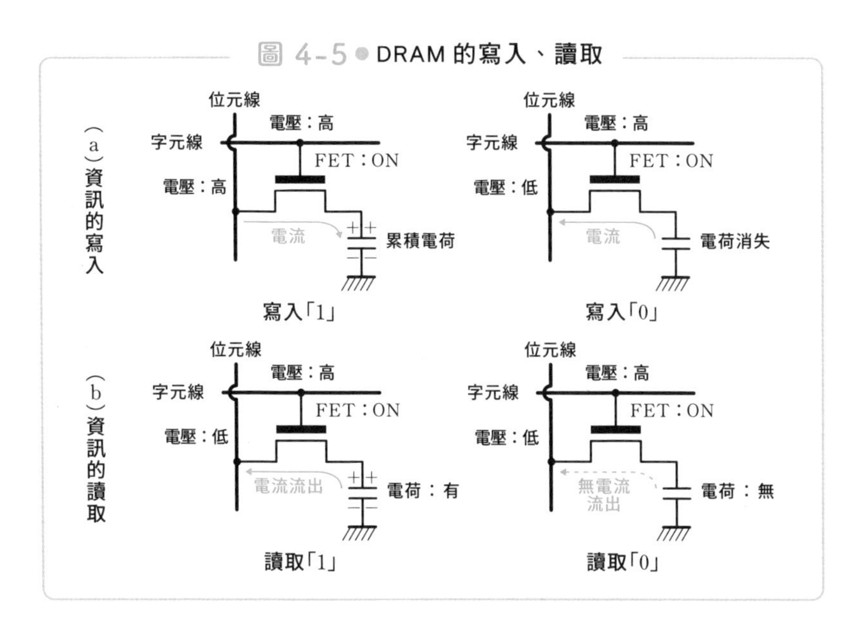

處於ON狀態。此時，有多少條位元線，就能同時記憶多少個「0」或「1」。就這樣，頻繁切換字元線與位元線的電壓高低，就可以讓所有儲存單元記憶資訊。

儲存單元讀取資訊的方式則如圖4－5(b)所示，首先提高字元線的電壓，將所有電晶體都轉為ON的狀態，然後檢測各個電容器流入位元線的電流為何。

如果電容器記憶的是「1」，那麼電容器就會放電，使位元線的電壓瞬間提高。如果記憶的是「0」，電容器就不會放電，位元線的電壓也不會升高。

如果到這裡，就這樣直接結束讀取作業，那麼原本電容器所累積的電荷就會白白流失，使記憶內容消失。因此需要有某種機制，在從儲存單元讀取資訊後，馬上將相同資訊寫入儲存單元，以保持記憶體內的資訊。

另外，即使沒有讀取資料的動作，電晶體也會自己產生些微的漏電流，使電容器內累積的電荷逐漸消失。所以每隔一段時間（約0.1秒），就需要重新寫入相同內容，稱為**再新**。

DRAM由於必須進行再新，所以會有耗電較高，控制較複雜等缺點。另一方面，DRAM可以用1個電晶體實現1個位元，構造較簡單，可以在較小的面積中記憶許多資訊，故也具備不少強大的優點。

雖然有需要時常再新這個缺點，不過DRAM仍是許多記憶體產品的規格，因為單位面積的資訊密度相當高。

1970年，英特爾製造出世界上第1個DRAM——1103，是1kb（1024位元）的LSI記憶體。當時的1位元儲存單元由3個電晶體與1個電容器構成。

次世代的4kb DRAM由德州儀器公司（TI）實現，由1個電晶體及1個電容器構成。且在16kb DRAM以後的產品，全都是由1個電晶體與1個電容器構成。

1個LSI記憶體晶片中有許多位元的儲存空間，每位元的成本相當低。因此，1973年廠商推出了4kb DRAM、1976年推出16kb、1980年推出64kb、1982年推出256kb、1984年推出1Mb。隨著技術的進步，DRAM的容量也愈來愈大，如圖4－6所示。

或許會有人認為，如果要在1個晶片上搭載更多電晶體，那把晶片面積做大不就好了嗎？但是，如果增加晶片面積，那麼單一晶圓可以製造的晶片就會減少，良率也會跟著下降，使整體成本升高。

如果不想把晶片做大，卻想塞入更多電晶體，那就只能把電晶體做小了。要把電晶體做小，就得讓各個電路微小化。

最初的產品1kb DRAM線寬為10 μm，最近的產品則可微小化到1/500的20nm。這種半導體電路配線寬度的變化趨勢有個名稱，叫做Process Rule。圖4－6即呈現出Process Rule的趨勢。

圖 4-6 ● DRAM 的結構

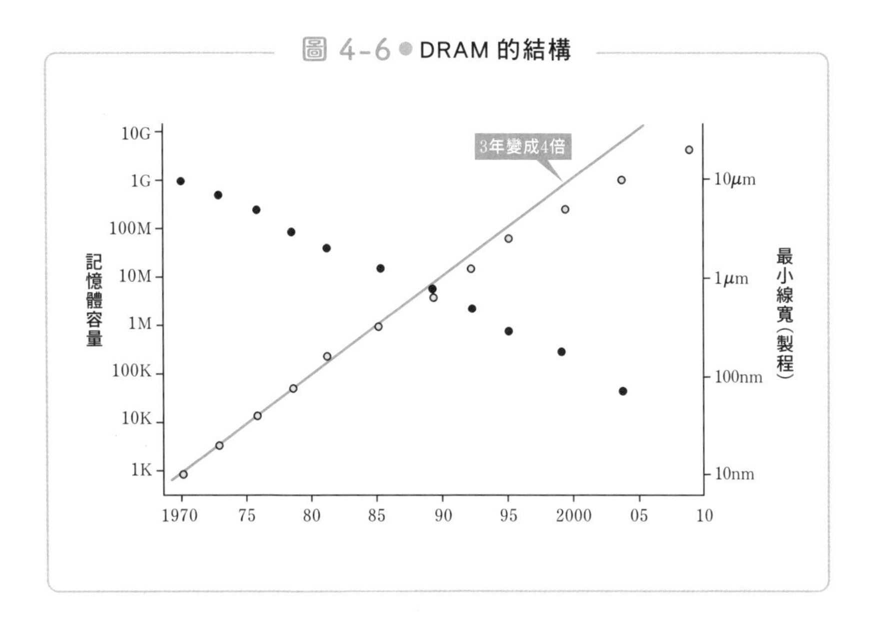
3年變成4倍
記憶體容量
10G
1G
100M
10M
1M
100K
10K
1K
最小線寬（製程）
10μm
1μm
100nm
10nm
1970
75
80
85
90
95
2000
05
10

DRAM的結構

——在同一個矽基板上製作MOSFET與電容器

如前節所述，DRAM記憶體由MOSFET與電容器構成。DRAM中，不只是MOSFET，就連電容器也是直接做在Si基板上。故電容器上需要一定大小的電荷，才能讀到資訊。因此，**增加記憶體容量時有個重點，就是如何在不改變電容的情況下，縮小電容器占據的面積。**

圖4－7為儲存單元的剖面圖。

圖左側是早期儲存單元所使用的平面型儲存單元，左半邊是MOSFET，右半邊是電容器。

電容器由2枚電極夾著極薄的絕緣膜（圖為SiO_2）構成，MOSFET與電極相連。若希望電容器累積必要的電荷量，就要確保一定的靜電容量，也就是確保電容器的面積大小。但隨著DRAM的大容量化，儲存單元便得愈做愈小，這會影響到電容器的面積。

進入1980年代後半的百萬位元時代後，Si基板上就沒有足夠空間容納平面型電容器了。於是研究人員開發出了圖4－7右側，有立體結構的電容器。可分為「**深槽單元**（trench cell）」與「**堆疊單元**（stack cell）」這2種形式。

圖 4-7 ● 電容器的結構

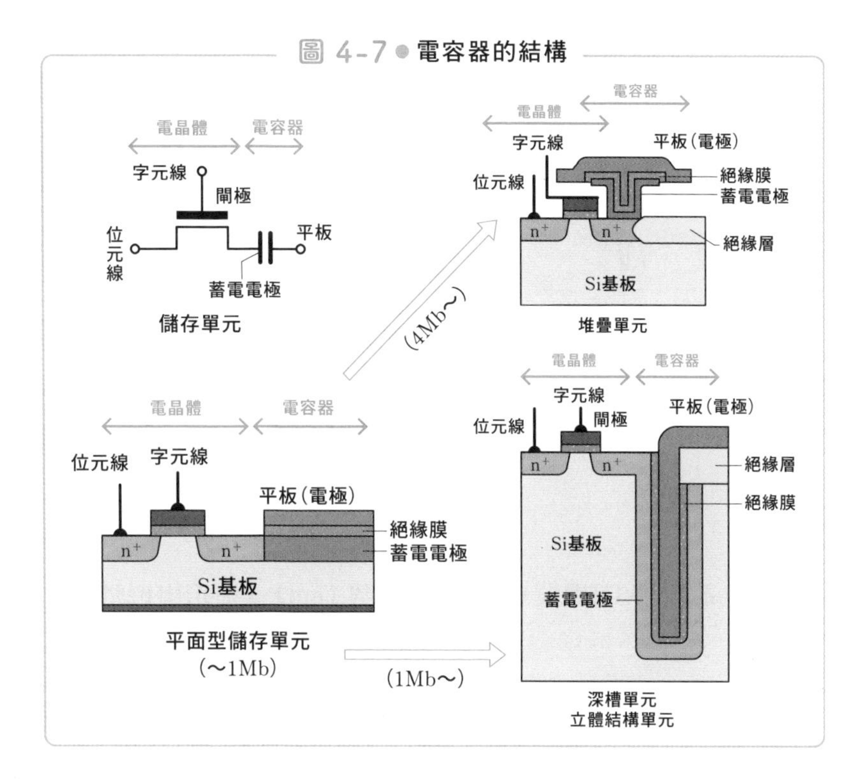

深槽單元會在Si基板做1個垂直的溝，並使用側壁製作電容，以確保能形成廣大的電極面積，製作出電容夠大的電容器。相對的，堆疊單元則會在MOSFET上方製作1個像蓋子般的電容器，以確保足夠的電容量。

深槽單元與堆疊單元都是由日立的角南英夫及小柳光正發明，2人皆為日本東北大學西澤潤一教授的門生。發明快閃記憶體的東芝舛岡富士雄也是出自西澤潤一研究室。西澤教授教導出了許多優秀的半導體技術人員，對半導體技術領域有很大的貢獻。

角南與小柳設計的儲存單元擁有立體化的電容器結構，可以儲存更多電荷。1Mb～4Mb的DRAM產品就採用了這種技術，自1980年代以後，已是DRAM不可或缺的技術。

領導這些大容量DRAM開發與製造工作的是日本企業。不只是角南或小柳的日立，東芝與日本電氣等企業也在爭奪世界第一。

製造大容量DRAM時，若要維持電容器的電容值，除了盡可能保持大面積之外，改用電容率高的材料來製作電極間的絕緣體也是一種方法。

此外，絕緣體材料產生的漏電流必須很小，且在LSI化時與Si結晶體要能緊密結合。若漏電流太大，會縮短電容器保留電荷的時間，再新週期也會縮短，使待機時的耗電量增加。

一開始使用的絕緣膜是矽氧化膜（SiO_2膜，相對電容率4）。1980年代以後，改以電容率較大的氮化膜（Si_3N_4膜，相對電容率8）為主。

另外，64Mb以後的DRAM，有些產品改使用電極面凹凸不平，有效面積為2倍以上的HSG（Hemi－Spherical Grain）技術。而在2000年以後進入Gb時代，則改用相對電容率達數十，以Ta_2O_5或Al_2O_3/HfO_2等材料製作的電容器。為了抑制漏電流，還會使用鋁（Al_2O_3）。也就是用高電容率的ZrO_2夾住鋁層，形成ZrO_2/Al_2O_3/ZrO_2的3層結構。

高速運作的SRAM

── 使用正反器的記憶體

接下來要介紹的是**SRAM**（Static Random Access Memory）。SRAM會用到名為正反器，可保存資料的邏輯電路。也就是說，與其他需要特殊製程（譬如DRAM的電容）的記憶體不同，SRAM只要用CMOS就可以製作出來。

SRAM的結構如圖4－8(a)所示。SRAM的記憶部分如同圖(b)所示，由2個反相器（NOT元件）組合而成。反相器為將輸入與輸出反轉的電路，如果輸入為0，那麼輸出就是1；如果輸入是1，那麼輸出就是0。

圖 4-8 ● SRAM 的結構

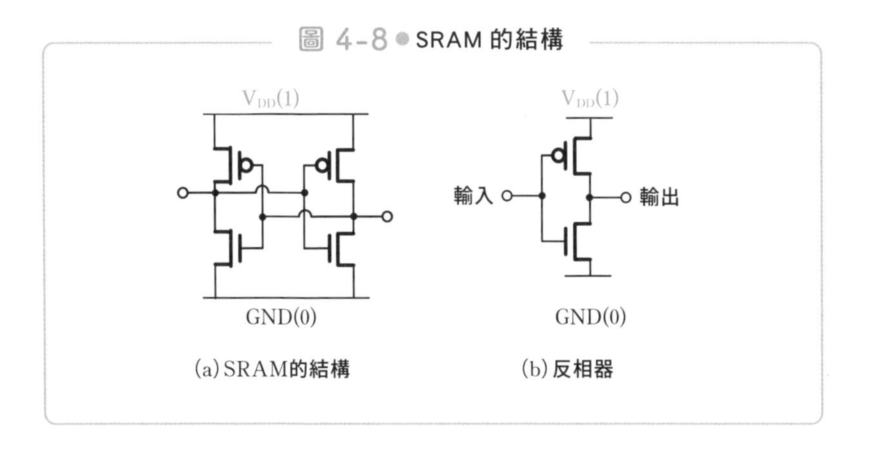

(a) SRAM的結構　(b) 反相器

圖4－9說明了如何用反相器的電路來保留資料。

圖 4-9 SRAM保留資料的方式

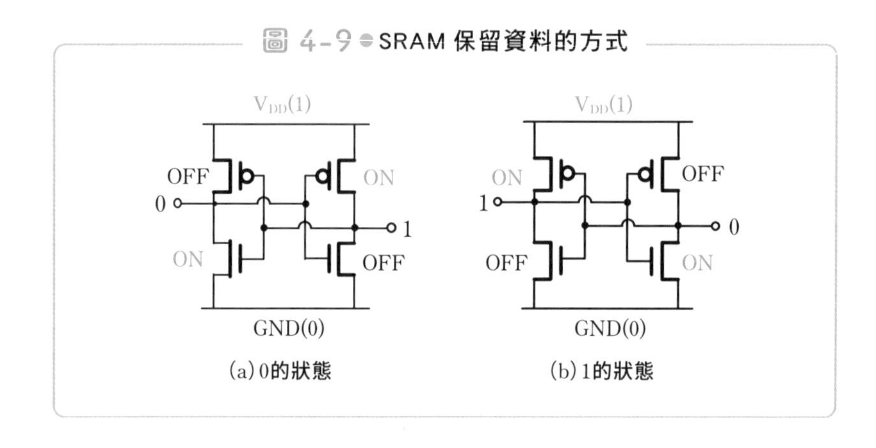

(a) 0的狀態　(b) 1的狀態

首先，讓我們先來了解0的狀態。這個時候左反相器的輸出為0，右反相器的輸出則為1。由於左反相器的輸出會與右反相器的輸入相連，右反相器的輸出則與左反相器的輸入相連，所以這個狀態才可以穩定保持。

另一方面，1的狀態下，所有狀態皆相反過來。左反相器的輸出為1，右反向器的輸出為0，亦可穩定保持。

如果左右反相器的輸出值相同，譬如都是0或都是1，就沒有辦法穩定存在。因此，可穩定存在的狀態只有圖中的2種。這種特性可用於製作記憶體。

因為可穩定保持在0與1的狀態，所以不需要像DRAM那樣進行再新的動作。

接著要談的是資料的讀取、寫入方式，這裡利用圖4－10來說明。

DRAM有WL（字元線）與BL（位元線）各1條，SRAM有2個輸出，故位元線有BL及BLB共2條。

如同我們在圖4－9中說明過的，保存資料時，BL與BLB的相位相反。也就是說，如果BL是0，那麼BLB就是1；如果BL是1，BLB就是0。

而在讀取資料時，需要使WL為1。此時，讀取用的nMOS為ON狀態，可以從BL或BLB讀取到資料。在讀取DRAM資料時，由於電容器會放電，因此為了保留該資料、避免放電使資料消失，必須再把相同的資料寫入儲存單元才行。然而，SRAM卻不需要執行再新的這個動作。

另一方面，寫入資料時，需先將資料輸入BL與BLB，然後在WL輸入1，將輸入用的nMOS轉為ON狀態，就可以寫入資料了。舉例來說，假設我們想寫入0，就要在BL輸入0，BLB輸入1，然後使WL為1，便可寫入0至儲存單元。

圖4－10中，用於保存資料的MOSFET有4個，用於讀寫的MOSFET有2個，整個儲存單元由6個MOSFET組成，是SRAM的標準結構。

SRAM的1個儲存單元需要6個MOSFET，所以需要的面積比DRAM大。不過，就像我們前面提到的，SRAM不需要再新，可以快速讀寫。

圖 4-10 ● SRAM 的資料寫入與讀取

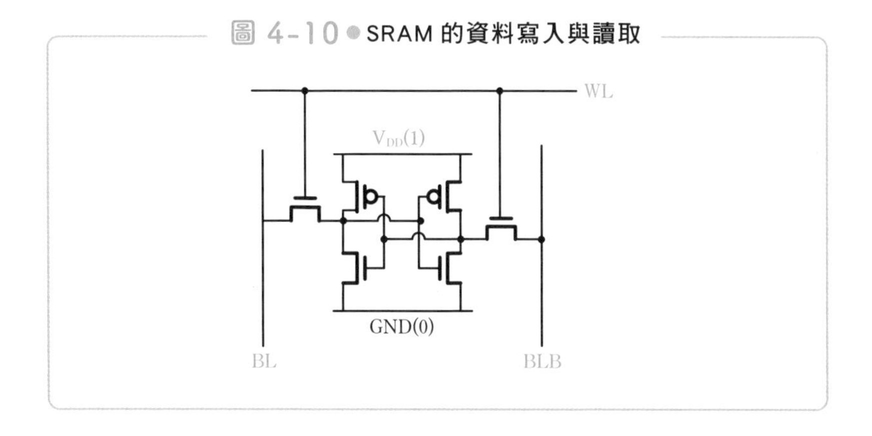

另外，SRAM只需要CMOS電路便可製成，不需特殊製程，有製作方便的優點。

4-5 快閃記憶體的原理

——用於USB記憶體與記憶卡

快閃記憶體常被用在個人電腦的USB記憶體、數位相機或智慧型手機的記憶卡等地方。即使切斷電源，記憶內容也不會消失，屬於非揮發性記憶體，且與DRAM的隨機存取類似，可讀取、擦除、寫入內容。不過，快閃記憶體的動作較慢，無法取代DRAM。

快閃記憶體由東芝的舛岡富士雄於1984年發明。

DRAM會透過記憶體電容器累積的電荷來記憶資訊。而快閃記憶體則會透過MOSFET內的**懸浮閘極**累積電荷。

圖4－11為快閃記憶體的結構。MOSFET的閘極與Si基板之間，有個不與任一方相連的懸浮閘極。

圖 4-11 ● 快閃記憶體的結構（剖面圖）

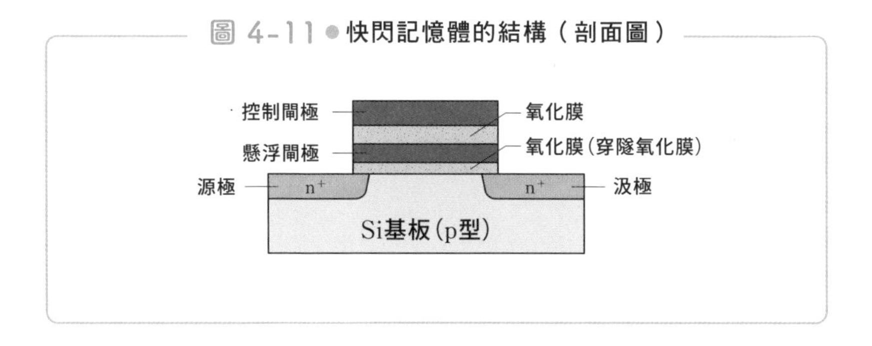

這個懸浮閘極就是快閃記憶體的特徵。**電荷儲存在這裡時，因為周圍是由氧化膜（SiO_2）構成的絕緣體，所以電荷（電子）不會跑到其他地方。即使切斷電源，記憶體內的資訊也不會消失，為非揮發性記憶體。**

快閃記憶體的懸浮閘極帶有電荷時，儲存的是「0」；無電荷時，儲存的是「1」。懸浮閘極可透過累積或釋放電子，來記錄或保存資訊。

圖4－12(a)為寫入「0」的情況。此時源極、汲極、基板皆為0V，並對**控制閘極**施加正電壓。

於是，Si基板內的電子就會穿過氧化膜，於懸浮閘極內蓄積。「電子可穿過絕緣體氧化膜」聽起來有些不可思議，不過氧化膜相當薄，厚度只有約數nm，所以電子可以透過穿隧效應穿過氧化膜。

圖 4-12 ● 資訊的寫入與消除

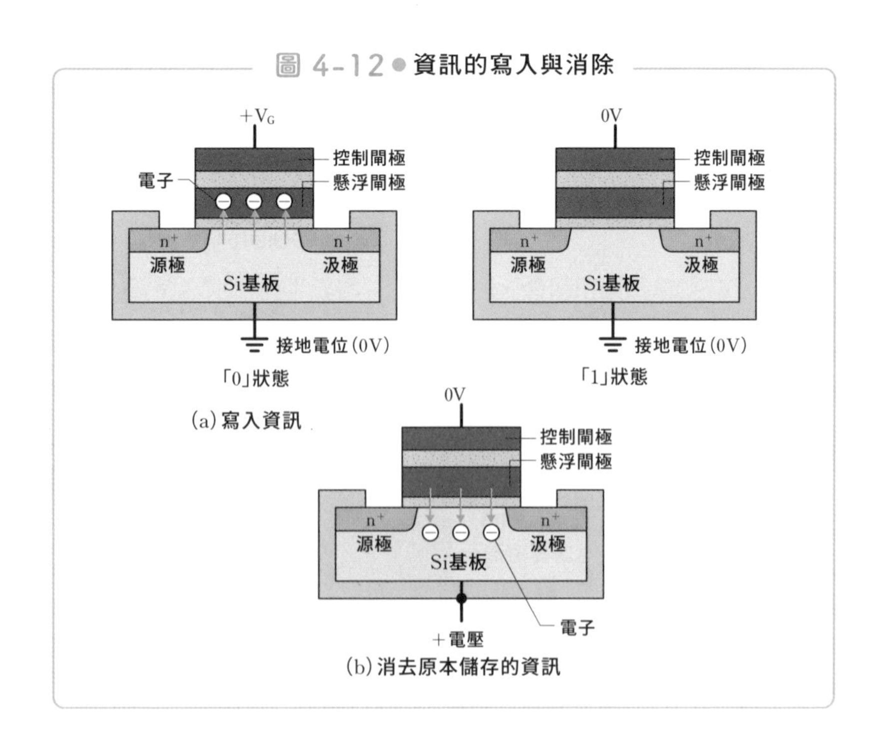

(a)寫入資訊

(b)消去原本儲存的資訊

因此，Si基板與懸浮閘極之間的氧化膜也叫做穿隧氧化膜。寫入資訊「1」時，懸浮閘極不會蓄積電子，所以什麼事都不會發生。

當我們想要消除資訊，也就是消除懸浮電極蓄積的電子時，需讓控制電極電壓為0V，並對源極、汲極、基板施加正電壓，如圖4－12(b)所示。這麼一來，懸浮電極內蓄積的電子就會透過穿隧效應穿過氧化膜，移動到電壓較高的基板一側。於是，原本蓄積於懸浮電極的電荷就會消失。

另一方面，當我們想要讀取資訊時，只要在控制電極施加一定的正電壓，便可透過從源極流向汲極的電流，讀取儲存單元內的資訊（圖4－13）。

若懸浮閘極內有蓄積電子（「0」的狀態），這些電子的負電會抵消掉控制閘極施加的正電壓，使電流難以通過底下的通道。

若懸浮閘極內沒有累積電子（「1」的狀態），閘極電壓就會直接影響到基板，與MOSFET的情況一樣，故下方會有電流通過。所以由電流的差異，就可以判斷儲存單元的資訊是「0」或「1」。

圖 4-13 ● 讀取已記錄的資訊

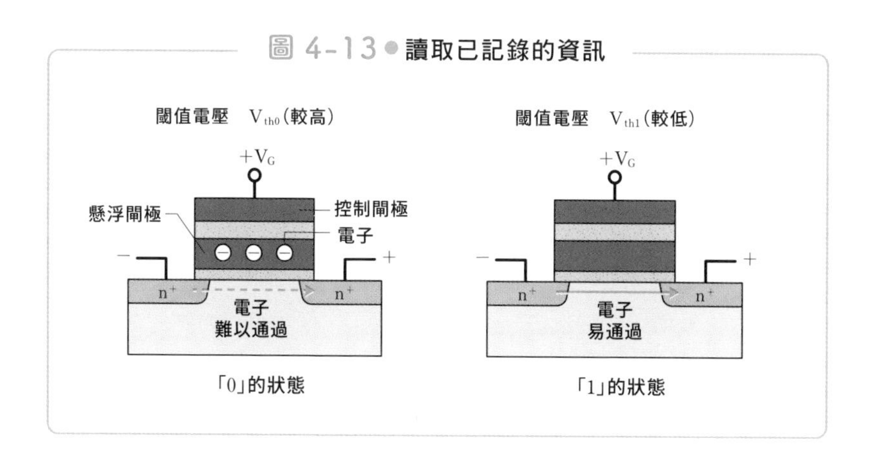

即使懸浮閘極內有蓄積電荷（圖4－13的「0」狀態），要是對控制閘極施加的電壓過高，源極與汲極之間還是會有電流通過。

也就是說，懸浮電荷量不同時，使電晶體開始產生電流的閾值電壓（V_{th}，參考第89頁）也不一樣。故我們可藉由懸浮電荷量的控制來記憶資訊。

由前面的說明可以知道，像圖4－14(a)這樣的單一儲存單元，只能記錄1個位元，可能是「0」或「1」。

不過，如果閾值電壓可任意控制，就可以將懸浮閘極依儲存的電荷量，從滿電荷到無電荷分成4個等級，如圖(b)所示。4個等級可分別對應「01」、「00」、「10」、「11」。這麼一來，1個儲存單元就可以記錄2位元的資訊。

因為每種狀態所對應的閾值電壓都不一樣，$V_{th01} > V_{th00} > V_{th10} > V_{th11}$，所以讀取資訊時，可以由閾值電壓判斷該儲存單元處於何種狀態。

可分成4種狀態的單元稱為MLC（Multi Level Cell）。另一方面，只有2種狀態的單元稱為SLC（Single Level Cell）。

MLC的1個儲存單元可以記錄2位元的資訊。如果將V_{th}分成更多區間，還可以記錄3位元、4位元的資訊，進而提升容量。不過，MLC懸浮閘極寫入電壓的控制技術相當困難，MOSFET對干擾現象又特別敏感，所以要做成增加更多層相對困難。

另外，快閃記憶體在記錄、消除資訊時，需使用10V之類相對較高的電壓，電子才能突破穿隧氧化膜。因此，反覆讀寫會造成氧化膜劣化，最後使儲存單元無法保留電子。

也就是說，快閃記憶體的壽命比其他記憶體還要短。寫入速度較慢也是一項缺點。

另一方面，快閃記憶體與DRAM不同，不使用電容器，所以1個晶片可搭載的儲存單元較多，較容易提升容量。

圖 4-14 ● 快閃記憶體的 SLC 與 MLC

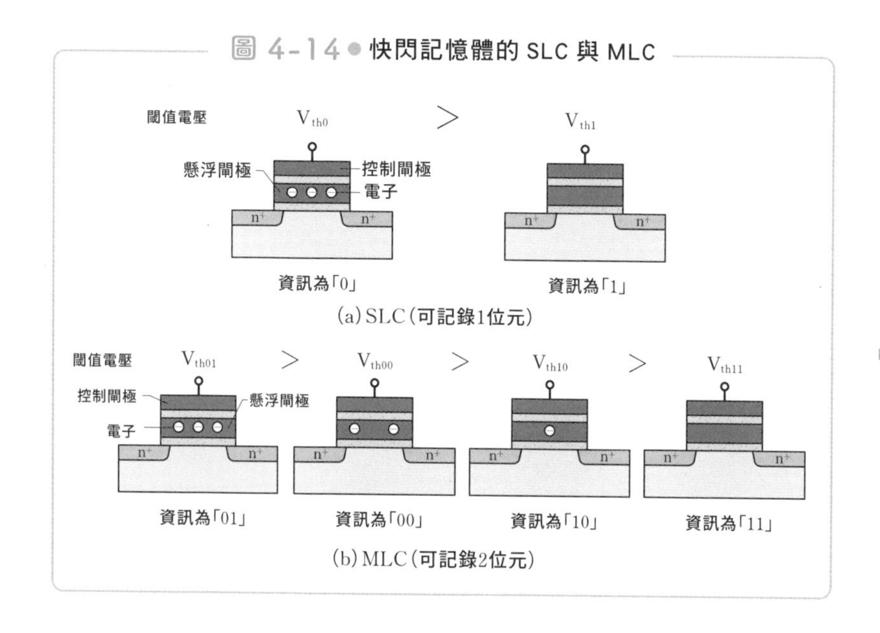

快閃記憶體的組成

—— NAND型與NOR型

快閃記憶體與DRAM一樣，都是由許多儲存單元排列成矩陣的樣子。快閃記憶體可依組成分成**NOR型**與**NAND型**2種（圖4－15）。

圖4-15 ● NAND型與NOR型

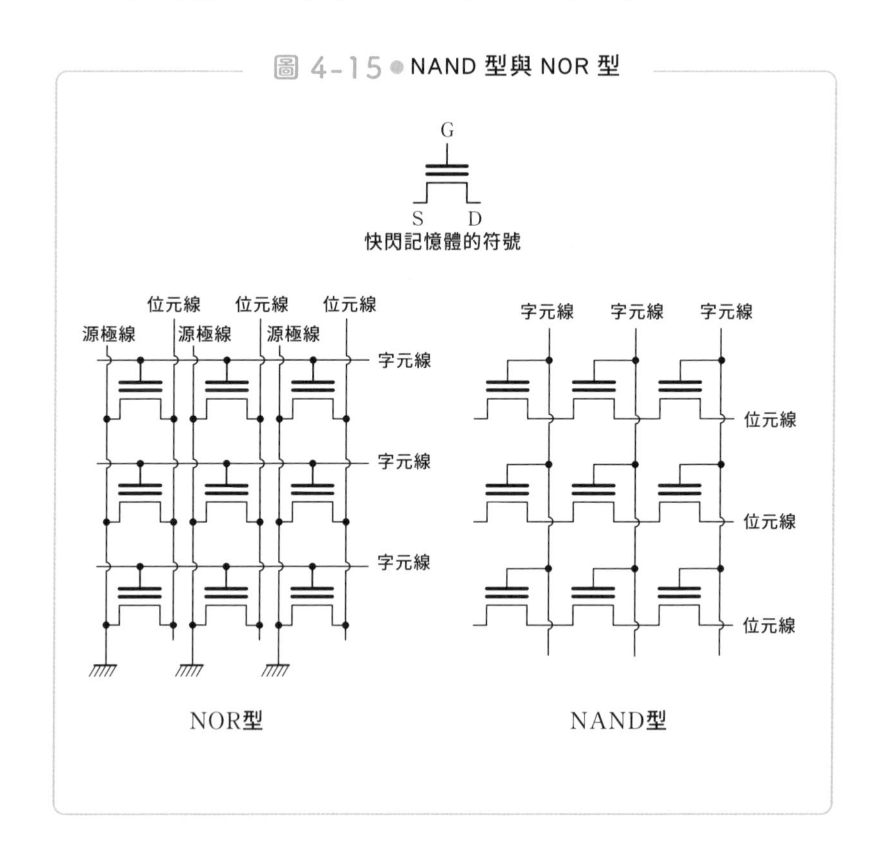

圖4－16為NOR型的快閃記憶體結構。

從圖中可知，除了字元線與位元線之外，還有「源極線」存在，且源極線需通以電流。

NOR型的快閃記憶體運作方式與DRAM相近，較好理解。以圖中圈出來的儲存單元為例，讀取單元內的數值時，會在對應的字元線施加讀取用電壓，然後透過位元線讀取資訊。另一方面，消除或寫入資訊時，會對位元線施加寫入用電壓，字元線也會施加寫入用電壓。

實際上的運作相當複雜，所以不像DRAM那樣只有0與1的2種數值，不過和DRAM一樣是一個個單元讀取、寫入。換言之，可以隨機存取儲存單元。

圖 4-16 ● NOR 型的讀寫

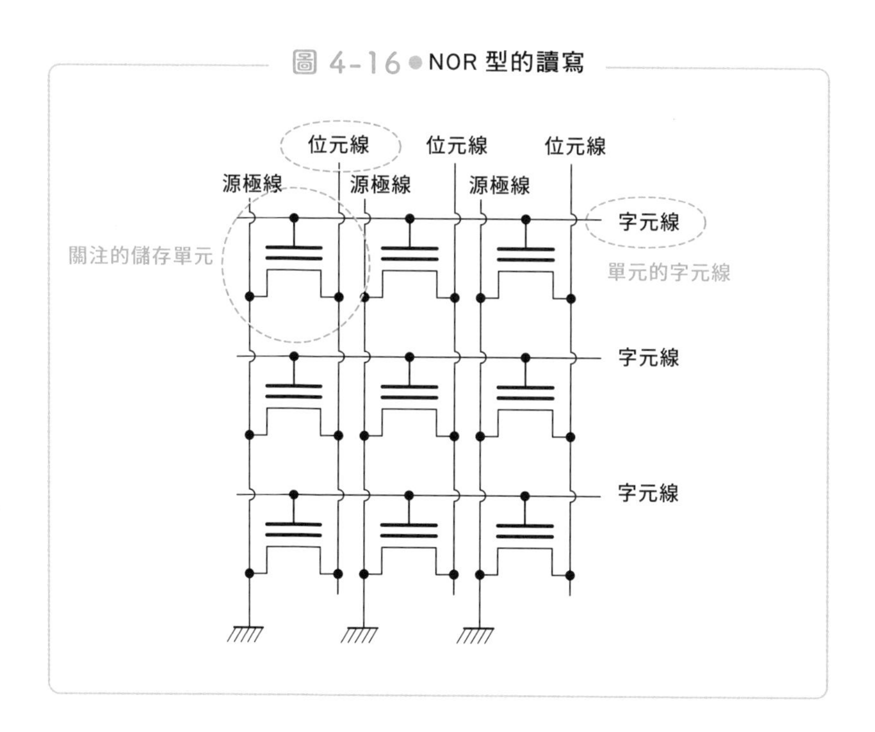

另一方面，NAND型快閃記憶體的結構則如圖4－17所示。

NAND型的結構中，同一條字元線串聯起許多儲存單元，稱為1「頁」（page），多條字元線有許多頁，稱為1個「區塊」（block）。

圖 4-17 ● NAND 型的讀寫

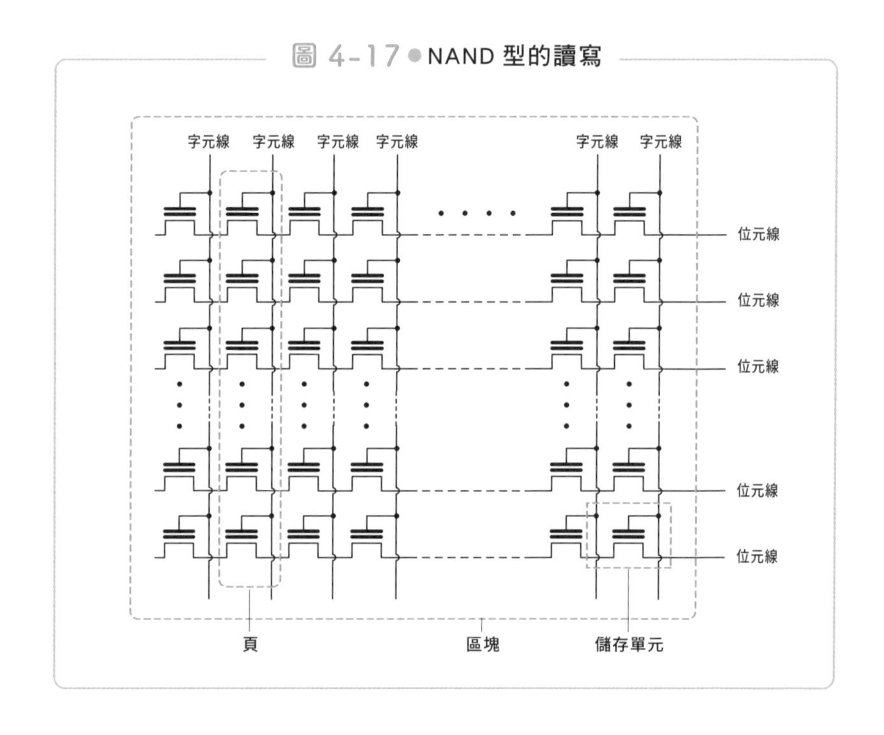

圖4－18中，1條位元線可串聯起許多儲存單元。這種結構有個特徵，那就是同一條位元線上，各個MOSFET的源極與汲極皆串聯在同一列上。這一列MOSFET製作在半導體基板上時，剖面圖如該圖之下方圖所示。

基板上，1個電晶體的源極，與相鄰電晶體的汲極共用同一個n^+區域，所以表面不需設置電極。**少了電極而多出來的空間，就可以用來提升電晶體的聚積密度。**

不過這種結構下，**1條位元線的電流比NOR型的電流還要小，所**

圖 4-18 ● NAND 型快閃記憶體的剖面圖

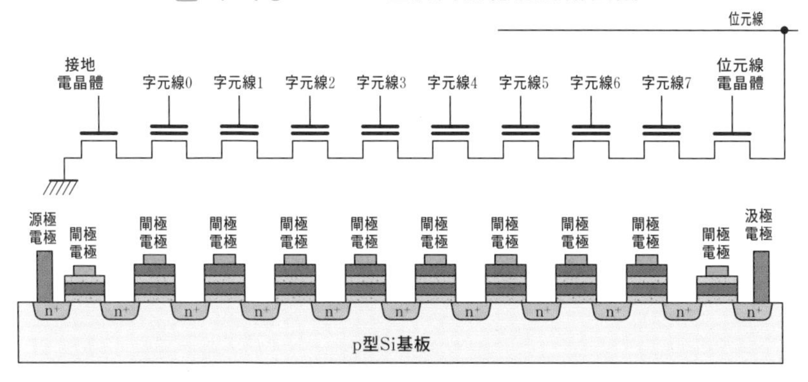

以讀取速度比較慢。另外，因為1個儲存單元比較小，所以懸浮閘極保留的電荷也會比較少，**使資料保存的可靠度較差。**

接著要說明的是NAND型的擦除與寫入步驟。

NAND型快閃記憶體需以1個區塊（含有許多頁）為單位進行擦除，以1頁為單位進行寫入。

因此，要更改1頁的內容時，必須將含有這1頁之整個區塊的資訊暫時複製存放到外部的其他地方，然後刪去整個區塊的資料，然後再把區塊資料複製回來，同時把要更改的內容寫進去。

也就是說，**即使只是要改寫1位元的內容，也必須將整個區塊的資料都刪除掉才行**。因為必須一次刪除廣大範圍的資料，所以被取了「快閃」這個名字。

不過，寫入資料時是一次寫入一整頁資料，所以寫入速度比NOR型還要快。

若比較NOR型與NAND型，會發現NOR型的優點是讀取較快，資料的可靠度較高。所以像是家電的微處理器、含有簡單程式的記憶體等裝置，對讀取的需求大於寫入，便會採用NOR型快閃記憶體。雖然容量不大，寫入較慢，但這些裝置幾乎不會進行寫入動作，所以高可靠度、較快的讀取速度對它們來說比較重要。

然而，快閃記憶體的主要用途是USB記憶體或SSD等資料儲存裝置，常需改寫儲存單元內的資料。此時，NAND型的高聚積化就會是很大的優點。因此NAND型目前才是快閃記憶體的主流。

4-7 通用記憶體的運作方式

—— 以取代DRAM與快閃記憶體為目標的次世代記憶體

前面我們介紹了DRAM、SRAM以及快閃記憶體。

快閃記憶體為非揮發性，也就是具有切斷電源後仍可保留資訊這個優異特點。如果將身為揮發性記憶體的DRAM換成快閃記憶體，那麼在切斷電源後，仍可保留記憶體的內容，因此使用上十分便利，同一個記憶體可以有2種用途，相當方便。

然而，快閃記憶體的運作速度較慢，沒辦法像DRAM一樣當做主記憶體使用。所以目前研究人員正在開發像DRAM那樣可以快速動作卻不會揮發的記憶體。

次世代記憶體中，以**磁阻記憶體**（Magnetoresistive－RAM）、**相變化記憶體**（Phase change－RAM）、**可變電阻記憶體**（Resistive－RAM）、**鐵電記憶體**（Ferroelectric－RAM）為代表。

簡單來說，磁阻記憶體是依照磁場方向（自旋）所產生的電阻變化來記錄資訊。相變化記憶體是利用記憶層的結晶狀態變化所產生的電阻變化來記錄資訊。可變電阻記憶體是對記憶層施加電壓脈衝使其改變狀態，再透過它的電阻變化來記錄資訊。鐵電記憶體則是透過強介電質的電容量變化來記錄資訊。

這些記憶體都屬於非揮發性記憶體，就像快閃記憶體一樣，即使切斷電源，也能記錄資訊。

各種記憶體的特徵整理如表4－1。但要特別留意的是，這張表列出的只是大致上的特徵，依照用途與開發情況，各項屬性的評價仍有變化。

次世代記憶體的目標是取代DRAM或快閃記憶體，不過要在聚積度上贏過它們並不容易。另外，雖然表中沒有列出，不過某些產品需要用到新材料或新製程，這會花上許多成本，然而目前新產品的優勢還不足以抵得過這些成本。

以下將介紹次世代記憶體的代表之一磁阻記憶體的結構。

表 4-1 ● 次世代記憶體的性能比較

		揮發性	聚積度	複寫次數	運作速度
	DRAM	揮發	◎	○	○
	SRAM	揮發	△	○	◎
	快閃記憶體	不揮發	◎	×	×
次世代記憶體	MRAM（磁阻記憶體）	不揮發	△	○	○
次世代記憶體	PRAM（相變化記憶體）	不揮發	△	○	○
次世代記憶體	ReRAM（可變電阻記憶體）	不揮發	○	○	△
次世代記憶體	FeRAM（鐵電記憶體）	不揮發	△	○	○

圖 4-19 ● 以 MTJ 元件記錄資訊的方法

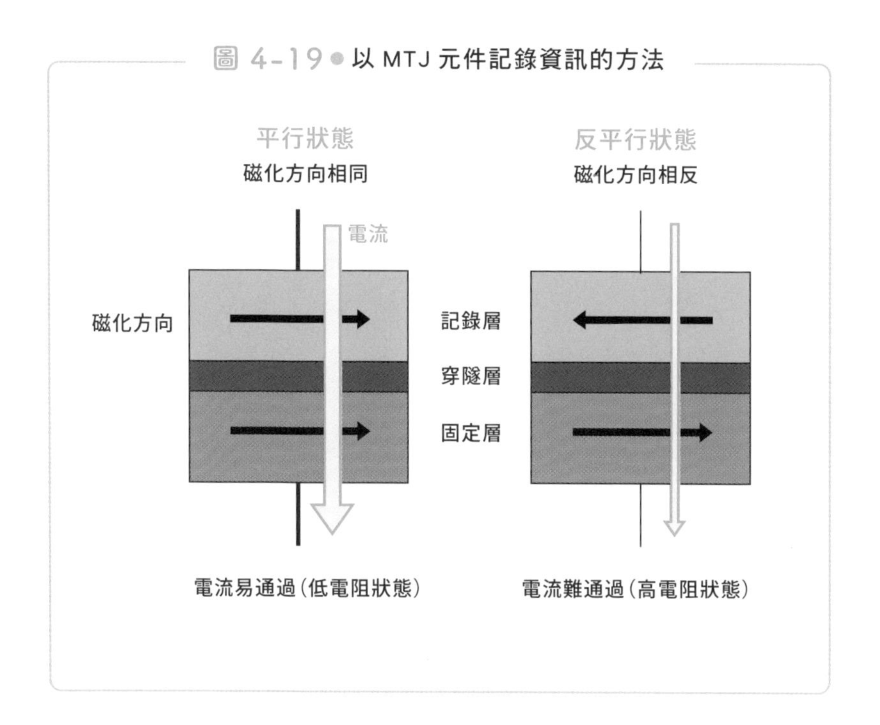

MRAM的記憶元件稱為MTJ（Magnetic Tunnel Junction：磁穿隧接面）元件，如圖4－19所示。由圖可知，記憶元件由3層結構組成，包括記錄層、穿隧層、固定層。其中，固定層會預先由強磁性體朝特定方向磁化。記錄層可由外界改變磁化方向。穿隧層則隔開了記錄層與固定層。

如果記錄層與固定層的磁化方向相同，電流便會大量通過；如果磁化方向相反，通過的電流就比較小。因此，只要控制記錄層的磁化方向，就可以當成記憶體使用。

控制記錄層磁化的方法有數種，包括使電流通過字元線或位元線，再運用其外部磁場控制磁化，或者透過自旋的極性引發電子流等等。

將MTJ元件與MOSFET以圖4－20的方式連接，就可以當做記憶體使用。MTJ元件不僅具備非揮發性，可高速運作，且有運作時耗電量低的優點，未來可望商業化。

就目前而言，不管是哪種次世代記憶體，都無法完全解決技術、成本上的問題。而且DRAM與快閃記憶體的高聚積化、低耗電化、高速化也進展迅速，使次世代記憶體難以取代既有產品。

不過，如果出現技術上的突破，就有可能一口氣取代掉所有既有記憶體，所以仍需持續關注。

圖 4-20 MRAM 的結構

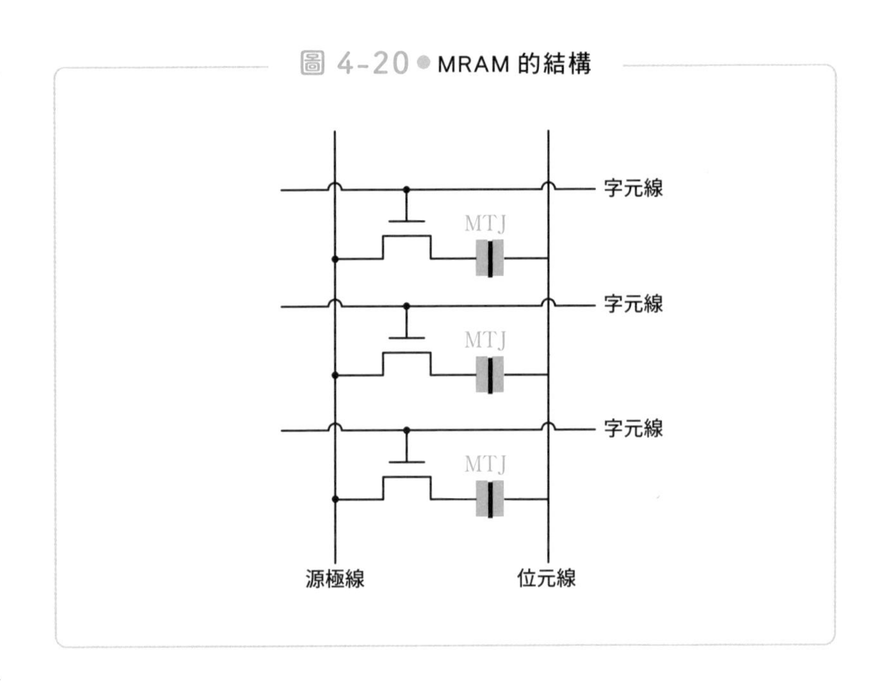

半導體之窗

無塵室　—對LSI來說，灰塵是大敵—

製造LSI時，需在矽晶圓上配置數量龐大電晶體元件，於是每個元件的線路都做得非常微小。當線路的最小寬度在1 μm以下時，大氣中肉眼看不見的灰塵就會變成很大的麻煩。

製造半導體時有個很大的重點，那就是要盡可能減少來自大氣的塵埃、雜質等粒子（particle）。現在的半導體都是在奈米等級，要是有塵埃或雜質附著上去的話，產生不良品的機率就會大幅提升。

以LSI的配線為例，最先進的LSI中，每個區域可以小到只有20nm。所以要是有眼睛看不到的微小塵埃附著到晶圓表面，就會讓配線斷路、變形。事實上，就曾經有化妝品的粉塵造成IC配線斷路的例子。

所以說，只要有1個微小的塵埃附著到LSI上，該LSI晶片就會被歸入不良品。設法減少不良品，可直接對公司獲利產生貢獻，所以良率常是業界最關注的指標。

若想要盡可能除去大氣內的塵埃，就必須準備**無塵室**，並精準控制室內的溫度、濕度、氣流、震動等。

進入無塵室前，要換上從頭到腳包覆整個身體的無塵衣，然後通過空氣浴塵室，徹底去除無塵衣上的塵埃粒子。

無塵室可依潔淨度分級。工業用無塵室的潔淨度常以ISO為標準。

ISO無塵室潔淨度分級以1m^3含有多少個0.1 μm粒子（塵埃）為依據。表4－A列出了部分標準。製造LSI的無塵室需使用最嚴格的ISO1，也就是1m^3的無塵室空間中，直徑0.1 μm的塵埃需在10個以下。實際上的半導體製造廠內，會使用潔淨度更高的無塵室。

雖說標準是「1m³的空間中，直徑0.1 μm的塵埃在10個以下」，但畢竟眼睛看不到0.1 μm大小的塵埃，還是很難想像這樣到底是有多乾淨。雖然不知道這樣比喻洽不洽當，總之這相當於8萬個東京巨蛋（體積共124萬m³）中有1顆小鋼珠。這樣應該多少可以想像無塵室有多乾淨了。

LSI就是在那麼乾淨的環境下製造出來的。而且不只是空氣中的灰塵，就連使用的藥品、清洗用的水也要符合「twelve nine」（99.9999999999%）的高純度標準。

表 4-A ● **無塵室的潔淨度**

	空間中最大塵埃數（每1m³）					
等級　粒徑	≥0.1 μm	≥0.2 μm	≥0.3 μm	≥0.5 μm	≥1 μm	≥5 μm
ISO1	10	2.37	1.02	0.35	0.083	0.0029
ISO2	100	23.7	10.2	3.5	0.83	0.029
ISO3	1000	237	102	35	8.3	0.29
ISO4	10000	2370	1020	352	83	2.9
ISO5	100000	23700	10200	3520	832	29

以下省略

感光用、無線通訊用、功率半導體

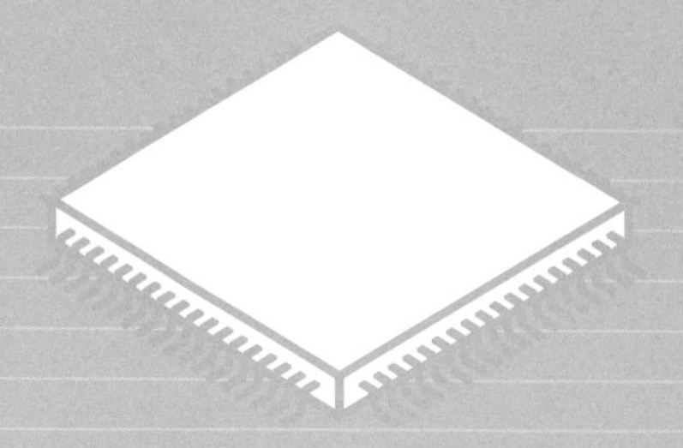

將陽光轉變成電能的太陽能電池

── 太陽能電池不是電池

近年來，以太陽能發電的再生能源備受關注。

太陽能電池是太陽能發電的關鍵裝置，這是**用半導體將陽光的能量直接轉變成電能的裝置**。

雖然有「電池」這個名稱，但不像乾電池那樣可以儲存電能。所以「太陽能電池」這個稱呼其實並不洽當，應該稱其為「太陽光發電元件」才對。

太陽能電池會利用到第1章1－2節提到的半導體光電效應（將光轉變成電能的現象）。不過，僅僅只透過照光，並不能從半導體中抽取出電能。要將光能轉變成電能，必須使用pn接面二極體（參考第1章1－8節）才行。

圖5－1(a)為pn接面二極體，p型半導體有許多電洞做為載子，n型半導體內則有許多電子做為載子。這個p型與n型半導體接合後，接合面附近的電洞會往n型移動擴散，電子則會往p型移動擴散，如圖5－1(b)所示。

移動擴散之後，接面附近的電子與電洞會彼此結合，使載子消滅，這個過程稱為**複合**。結果會得到圖5－1(c)般，沒有任何載子存在的區域，這個區域就稱為**空乏層**。

圖 5-1 ● pn 接面二極體的載子

接面

n型半導體　p型半導體

⊖電子

⊕電洞

(a)pn接面二極體

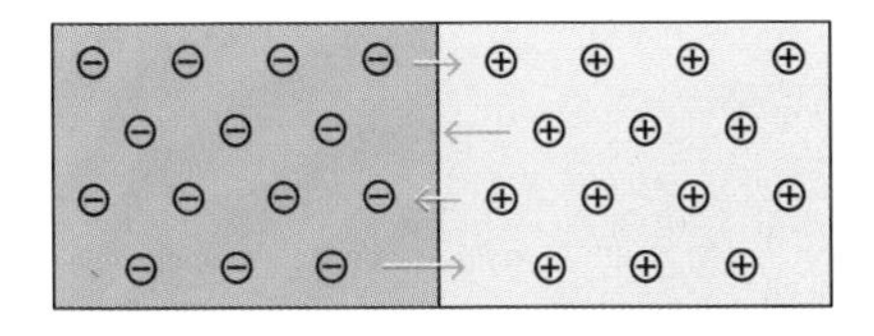

(b)電子與電洞分別往另一邊的半導體移動擴散

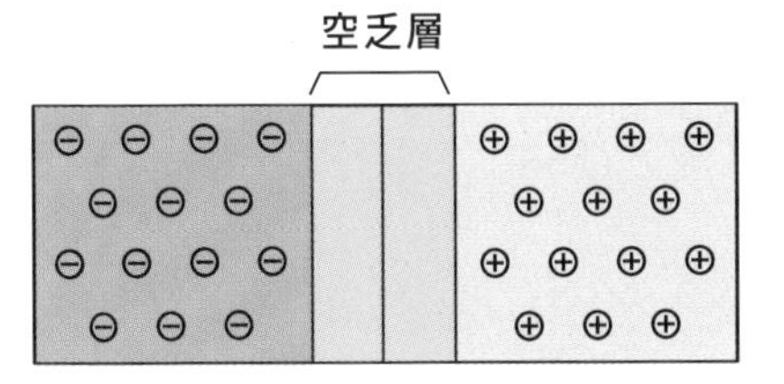

(c)在接面附近產生空乏層

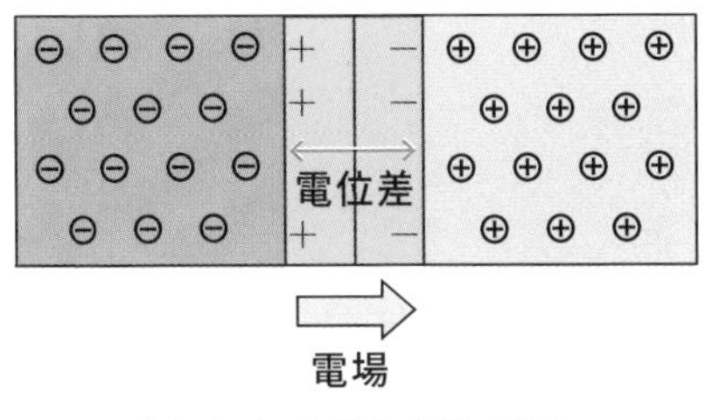

(d)在空乏層內產生電場

接面附近的空乏層中，n型半導體的帶負電電子不足，故會帶正電；另一方面，p型半導體的帶正電電洞不足，故會帶負電（圖5－1(d)）。

因此，n型與p型半導體之間的空乏層會產生名為內建電位的電位差，而在接面部分形成電場。這個電場的作用在於可以阻擋從n型半導體流出的電子，與電子從n型流向p型的力達到平衡，故可保持穩定狀態。

這種狀態為熱平衡狀態，放著不管也不會發生任何事。也就是說，接面上有內建電位差之壁，不管是電子還是電洞，都無法穿過這道牆壁。

在這種狀態下，**如果陽光照入空乏層，半導體就會在光能下產生新的電子與電洞**，如圖5－2所示。**此時，新的電子會因為內建電場所產生的力而往n型半導體移動，新的電洞則往p型半導體移動**（圖5－2(a)）。於是，電子便會在外部電路產生推動電流的力，這個力被稱為**電動勢**。

在光照射半導體的同時，電動勢會一直持續發生，愈來愈多電子被擠入外部電路，於外部電路供應電力。被擠出至外部電路的電子會再回到p型半導體，與電洞結合（圖5－2(b)）。我們可以觀察到這個過程所產生的電流。

目前太陽能電池的大部分都是由Si半導體製成。以Si結晶製成的太陽能電池結構如圖5－3所示。

為方便理解，前面的示意圖中，都是以細長型的pn接面半導體為例。但實際上，**太陽能電池所產生的電流大小，與pn接面二極體的接面面積成正比**。所以pn接面的面積做得愈廣愈好，就像圖5－3那樣呈

圖 5-2 ● 用光發電的機制

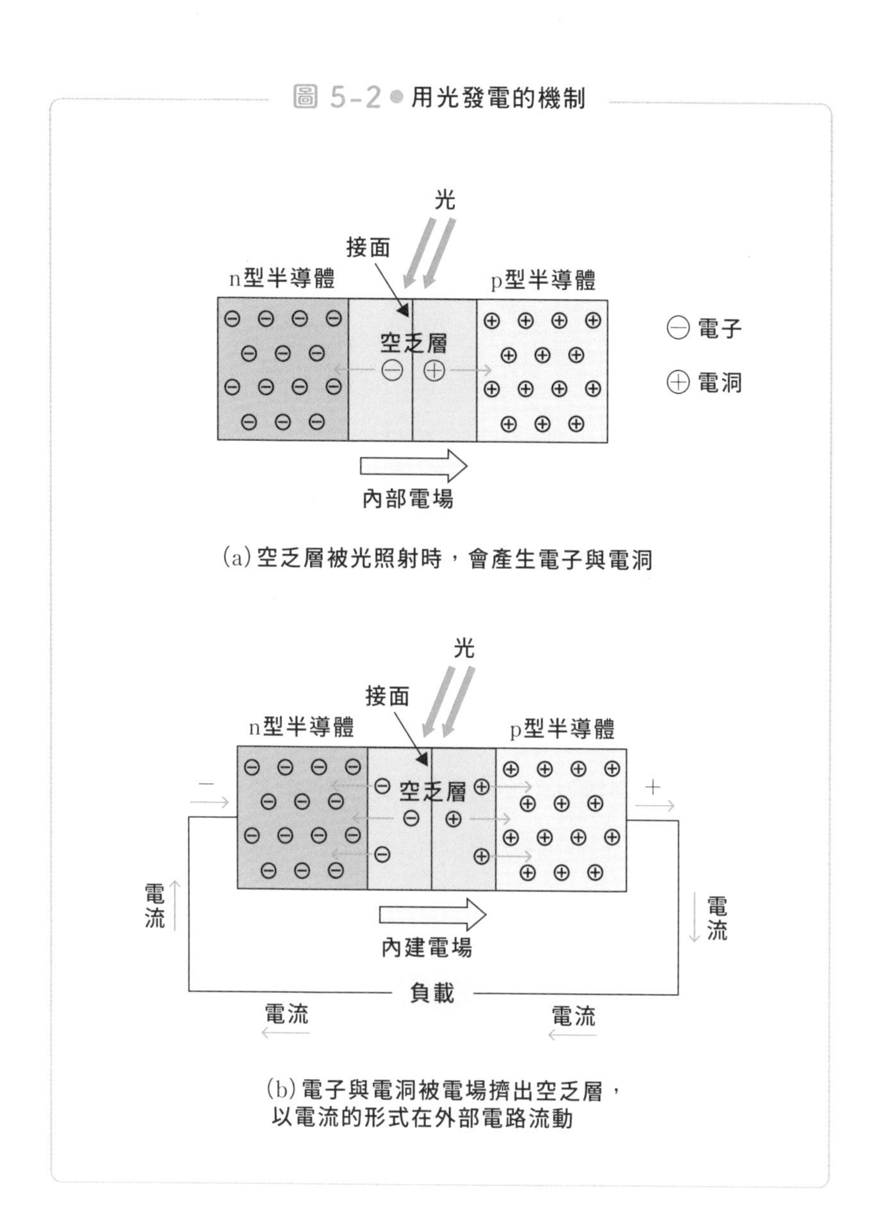

(a) 空乏層被光照射時，會產生電子與電洞

(b) 電子與電洞被電場擠出空乏層，以電流的形式在外部電路流動

薄型平板狀。

前面的說明提到，陽光可產生新的載子，這裡讓我們再進一步說明其原理。

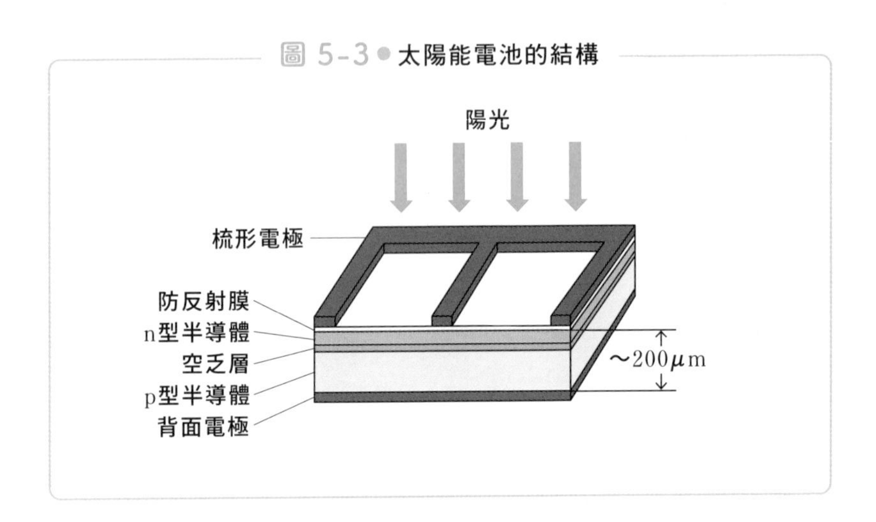

圖 5-3 ● 太陽能電池的結構

圖5－4為Si原子之電子組態的示意圖（亦可參考第38頁圖1－11）。Si原子最外層的軌道與相鄰Si原子以共價鍵結合，故Si結晶的軌道填滿了電子，沒有空位（圖5－4(a)）。

若掺雜雜質磷（P）或砷（As）等15族（V族）元素，形成n型半導體，便會多出1個電子。這個電子會填入最外層電子殼層的最外側軌道（圖5－4(b)），與共價鍵無關，故能以自由電子的狀態在結晶內自由移動。

由於電子軌道離原子核愈遠，電子的能量愈高，所以位於最外側軌道的電子擁有最高的能量（參考第57頁，第1章的專欄）。最外側軌道與最外層電子殼層的能量差，稱為能隙。

另一方面，如果是掺雜鎵（Ga）或銦（In）等13族（Ⅲ族）元素的p型半導體，會少1個電子，形成電洞。這個電洞位於最外層電子殼層，能量比自由電子還要低（圖5－4(c)）。

空乏層不存在自由電子或電洞等載子，此處原子的電子組態皆如圖5－4(a)所示。

圖 5-4 ● pn 接面二極體的電子狀態

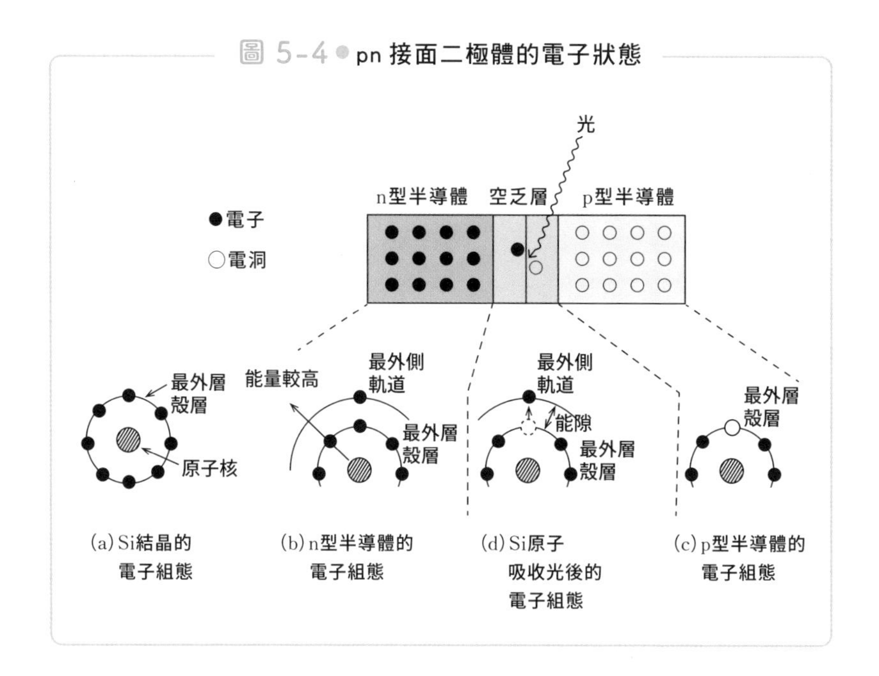

陽光照進這個狀態下的空乏層區域時，原子的電子會獲得光能飛出，轉移到能量較高的外側軌道（圖5－4(d)）。此時的重點在於，電子從光那裡獲得的能量必須大於能隙。**如果光能比能隙小的話，電子就無法移動到外側軌道。**

光的能量由波長決定，波長愈短，光的能量愈高（參考第217頁，第5章專欄）。光能E（單位為電子伏特eV）與波長λ（單位為nm）有以下關係。

$$E\ [\mathrm{eV}] = 1240 / \lambda\ [\mathrm{nm}]$$

另一方面，抵達地表的陽光由許多種波長的光組成，各個波長的光強度如圖5－5所示。

由圖可以看出，可見光範圍內的陽光強度很強。陽光中約有52%的能量由可見光貢獻，紅外線約占42%，剩下的5～6%則是紫外線。

若能吸收所有波長的光，將它們全部轉換成電能的話，轉換效率可達到最高。不過半導體可吸收的光波長是固定的，無法吸收所有波長的光。

Si結晶的能隙為1.12eV，對應光波長約為1100nm，位於紅外線區域。也就是說，用Si結晶製造的太陽能電池，只能吸收波長小於1100nm的光，並將其轉換成電能。

不過，就像我們在圖5－5中看到的，就算只吸收波長比1100nm還短的光，也能吸收到幾乎所有的陽光能量。

光是看以上說明，可能會讓人覺得，如果半導體的能隙較小，應該有利於吸收波長較長的光才對。不過，並不只有能隙會影響到發電效率，圖5－6提到的**光的吸收係數**也會大幅影響發電效率。光的吸收係數代表半導體能吸收多少光，可以產生多少載子。

有幾種材料的光吸收係數特別高，譬如Ⅲ－Ⅴ族的砷化鎵（GaAs）。GaAs的能隙為1.42eV，轉換成光波長後為870nm，可吸收的光波長範圍比Si還要狹窄。但因為吸收係數較高，所以用砷化鎵製作的太陽能電池的效率也比較高。

總之，GaAs是效率相當高的太陽能電池材料。然而成本較高是它的缺點，只能用於人造衛星等特殊用途上。即使如此，研究人員們仍在努力開發出成本更低、效率更好，以化合物半導體製成的太陽能電池。

圖 5-5 ● 抵達地表的陽光光譜

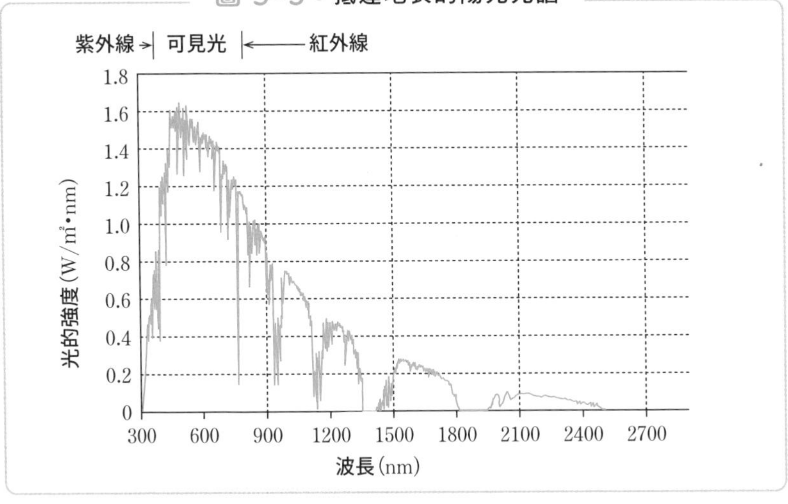

圖 5-6 ● 光的吸收係數

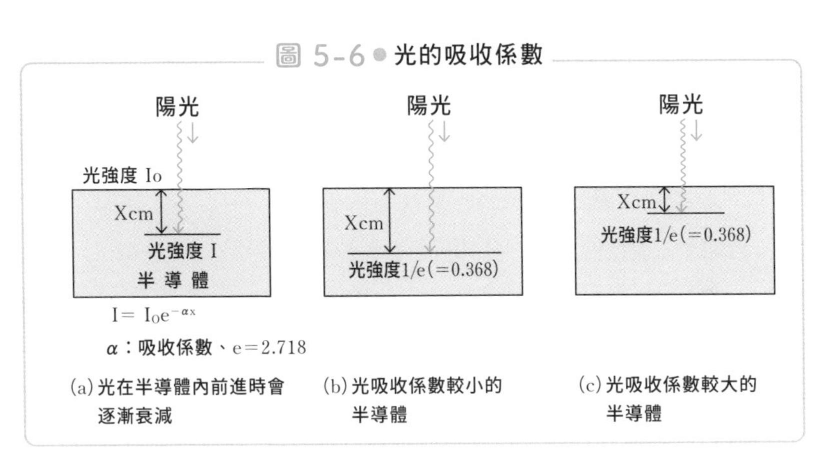

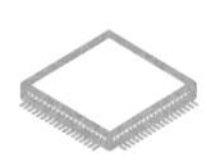 發光二極體：LED

—— 可將電能直接轉換成光，故效率很高

發光二極體（LED：Light Emitting Diode）是使用pn接面二極體，將電能轉變成光的元件。**根據所使用的半導體材料之能隙差異，可產生不同波長的光，包括紫外線、可見光、紅外線等。**

其運作原理如圖5－7所示。該圖(a)與太陽能電池的章節中說明過的pn接面二極體相同。如果沒有從外界賦予能量，那麼pn接面二極體的空乏層就不存在自由電子、電洞等載子。

若沿著二極體的順向施加電壓，那麼n型半導體的自由電子，以及p型半導體的電洞就會往接面移動。外界施加的順向電壓與pn接面二極

圖 5-7 ● LED 的發光原理

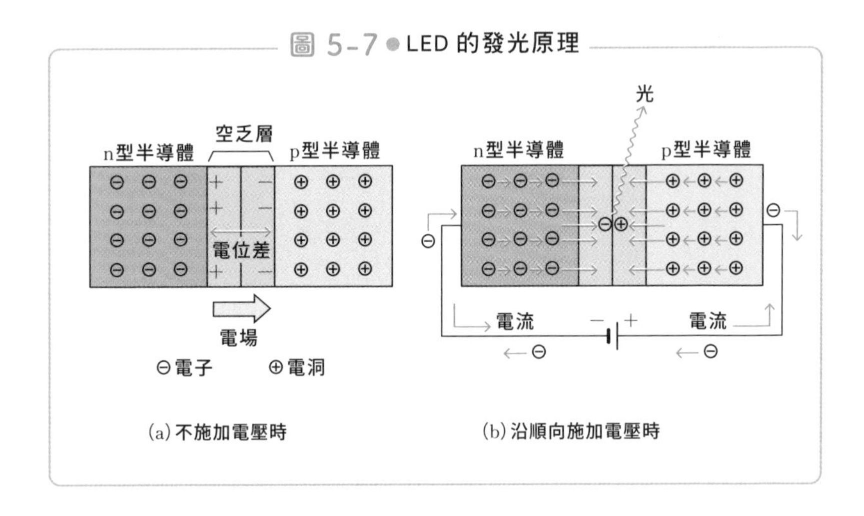

(a)不施加電壓時

(b)沿順向施加電壓時

體的內建電位差（電壓）極性相反，故可降低電壓之壁，使自由電子與電洞更容易穿過這道電壓之壁。

這會**讓空乏層內來自n型的自由電子與來自p型的電洞彼此結合。此時，電子會從高能量狀態轉移到低能量狀態，多出來的能量則會轉變成光，釋放到外部（圖5－7(b)）。**

換言之，n型半導體的電子是來自比最外層殼層更外層的軌道，原本擁有相當高的能量（參考第181頁），如圖5－8所示。這個高能量電子會與較低能量的電洞結合，降至較低能量的軌道。此時便會釋放出波長相當於能量差（能隙）的光線。

此時的光波長λ（nm）與能隙E_G（eV）之間有以下關係，

$$E_G = 1240 / \lambda$$

（參考第217頁第5章的專欄），計算上相當方便。

太陽能電池所使用的半導體以Si為主。但是Si的發光效率太差，

圖5-8 ● 發光時的電子運動

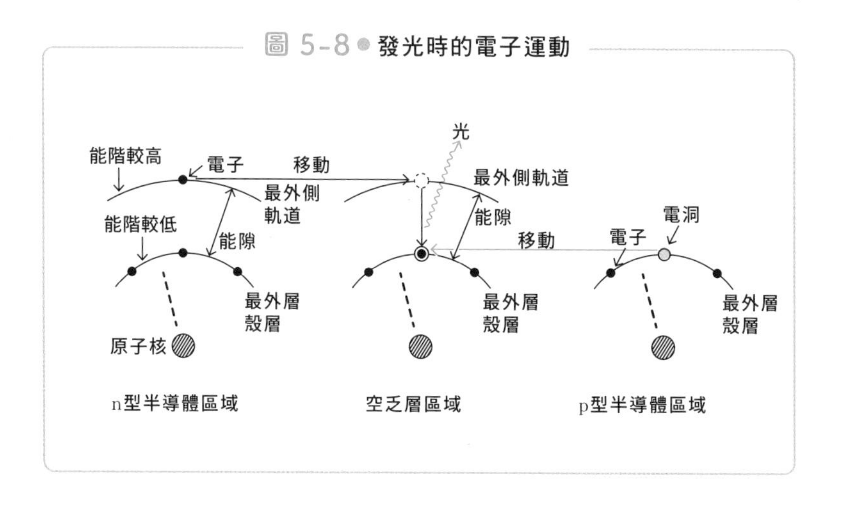

無法用於製作LED，故LED使用的是化合物半導體。

化合物半導體所使用的元素種類組合不同時，能隙也會跟著改變。也就是說，我們可以依照自己想要的色光（波長），選擇需要的化合物半導體。

圖5－9列出了各種色光所使用的代表性化合物半導體。

圖 5-9 ● 發光顏色與發光材料

發光顏色	半導體材料（代表例）
紅外線	GaAs、In GaAsP
紅	GaP、AlGaAs、AlGaInP
橙	GaAsP、AlGaInP
黃	GaAsP、AlGaInP、InGaN
綠	InGaN
藍～紫	InGaN
紫外線	GaN、AlGaN

（註）即使是相同的化合物半導體，若混晶比不同，
就會釋放出不同顏色的光

發光元件材料中，最重要的是Ⅲ－Ⅴ族的化合物半導體。

而這些半導體材料當中，又以GaAs最早被研究，也較早製造出了高品質的結晶。不過，它的能隙僅1.42eV，只能釋放出眼睛看不到的紅外線（波長870nm）。目前電視與家電遙控器使用的紅外線就是GaAs。

若想要紅光，只要在GaAs中加入少許的Al，形成AlGaAs就可以了。當AlGaAs的Al比例增加時，光的波長會跟著變短，轉變成帶有橙色的紅色。但如果Al含量過高、愈接近AlAs的話，光就愈弱，最後便不再發光。

GaP在固定電流下的發光效率高，且可發出紅色到黃綠色的光。

GaP加入不同雜質時，光的顏色也會跟著改變。

GaP與GaAs的混晶，也就是GaAsP較容易獲得高品質結晶。調整GaAsP結晶中As與P的比例，可發出橙色到黃色的光線。

另外，若調整AlGaInP中Al與Ga的比例，可發出紅色到綠色的光線。

近年來，GaN系的InGaN材料備受矚目。**GaN**是下一節「藍光LED」中，為了製造實用化藍光LED而開發出來的材料。將加入In後得到的InGaN，調整In與Ga的混晶比，就能夠發出黃色到紫外線的光線。

這些材料不只可用來製作LED，5－4節會提到的半導體雷射也是用這些材料製作。

LED光線的亮度由pn接面的發光效率決定。接面區域的活性層有愈多的自由電子或電洞彼此結合，發光效率就愈高。

若pn接面二極體的p型與n型使用的是相同的半導體，就稱為**同質接面**（圖5－10(a)）。結構相當簡單，但發出來的光在到達結晶外部之前，就會被晶體再度吸收，所以發光效率相當差。

圖5－10(b)的**雙異質接面**則實現了高亮度LED。

雙異質接面是由2個披覆層夾住活性層的結構。此時有個重點，那就是披覆層的能隙要比活性層大。

圖 5-10 ● 同質接面與雙異質接面

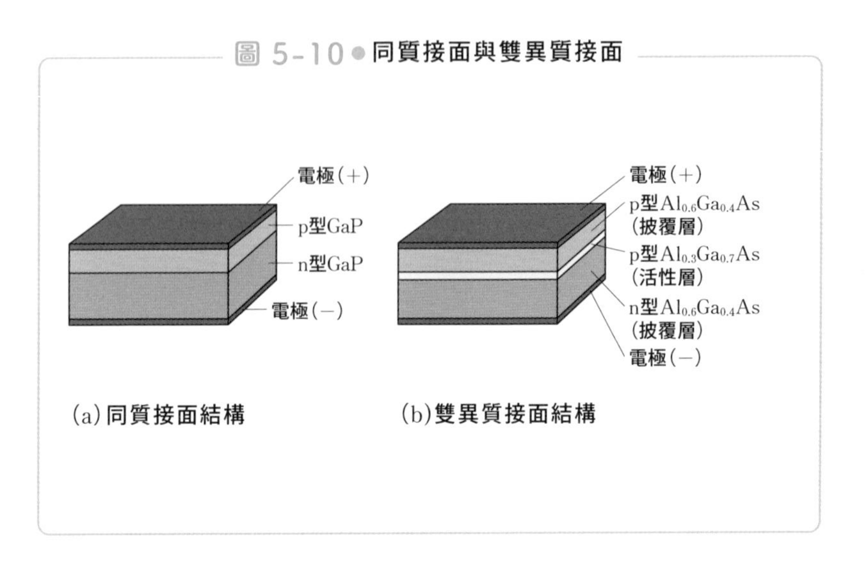

若施加順向電壓，自由電子與電洞就會開始移動。不過，與同質接面的情況不同，因為披覆層與活性層的能隙各不相同。因此，雙異質接面二極體中，p型披覆層與活性層之間會產生電壓障壁，使電子無法通過。於是，電子就會被關在活性層內。

另一方面，n型披覆層與活性層之間也會產生電壓障壁，使電洞無法通過，所以電洞也會被關在活性層內。

這會讓活性層的自由電子與電洞密度變得很高，所以自由電子與電洞會有很高的結合效率，發光效率也很高。

圖中的披覆層與活性層都是用AlGaAs半導體製成。不過，披覆層與活性層的Al與Ga混晶比例不同，故屬於**異質**。

圖5－11是使用GaN製作的雙異質接面LED的例子。光線會從上方放出，故上方會以透明電極覆蓋。大小約200 μm～500 μm見方，厚度約100 μm左右，體積非常小。

圖 5-11 ● 雙異質接面結構的 LED 例子

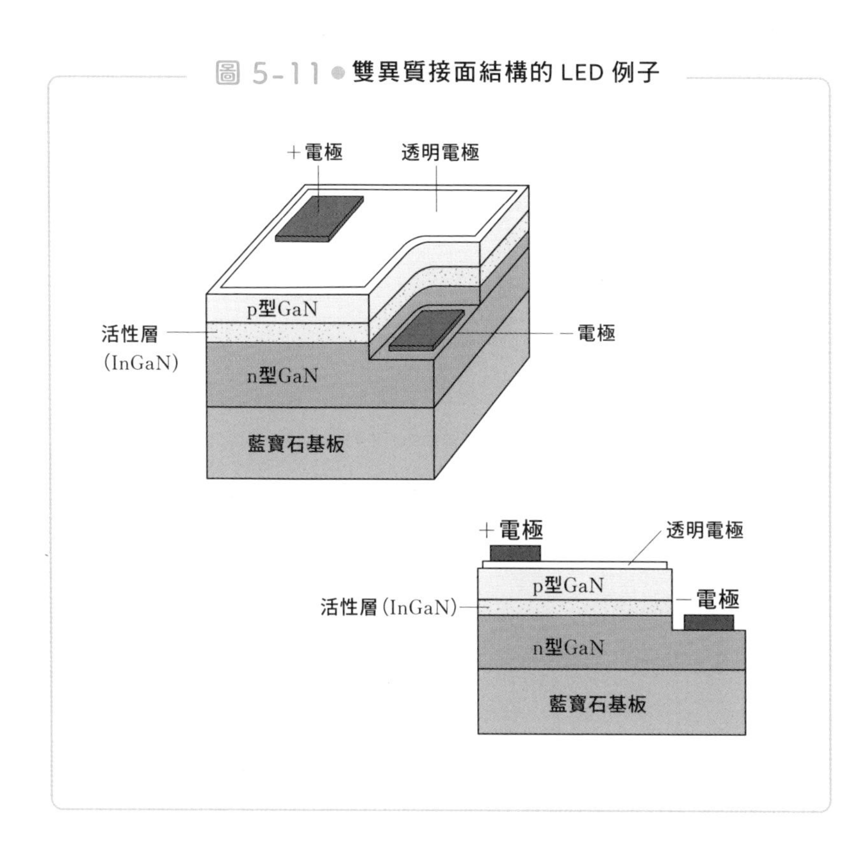

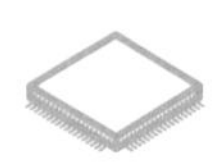

藍光LED

—— 開發核心人員是3位獲得諾貝爾獎的日本人

紅光到綠光的LED都開發出來後，研究人員接下來的目標就是開發可發出藍光的LED。

只要實現藍光LED，再加上原本的紅光LED、綠光LED，三原色就到齊了，可以製作出白色LED，用於電燈等照明用途。

若希望發出波長較短的藍光，必須選用能隙大（寬能隙）半導體材料。而要說現實中的候選材料，則包括硒化鋅（ZnSe）、氮化鎵（GaN）2種。

不過當初製作GaN結晶時碰上了很大的困難，就算勉強得到了結晶，也會因為含有過多缺陷而無法使用。因此幾乎所有研究者都把主要的研究目標改成了ZnSe。

其中，持續挑戰GaN單晶化的是名古屋大學的赤崎勇、天野浩以及日本日亞化學的中村修二，他們在2014年獲得了諾貝爾物理學獎。

首先投入相關研究的赤崎，在就任名古屋大學教授的1981年左右，就開始研究GaN。他在1989年時，成功讓GaN發出藍光。

形成結晶的方法很多種，赤崎選擇的是MOCVD（有機金屬化學氣相成長法）。這是以有機金屬的三甲基鎵（TMG：$Ga(CH_3)_3$）與氨（NH_3）為原料，成長出了GaN的磊晶。

此時，使用的基板相當重要。必須選擇**晶格常數**（原子間的距離）與GaN結晶相近的基板才行。

如圖5－12(a)所示，當基板的晶格常數與欲培養之半導體相同或相近時，才可長出漂亮的單晶。如果晶格常數相差太大，結晶就會崩毀，或者無法長出均勻漂亮的結晶，如圖5－12(b)所示。

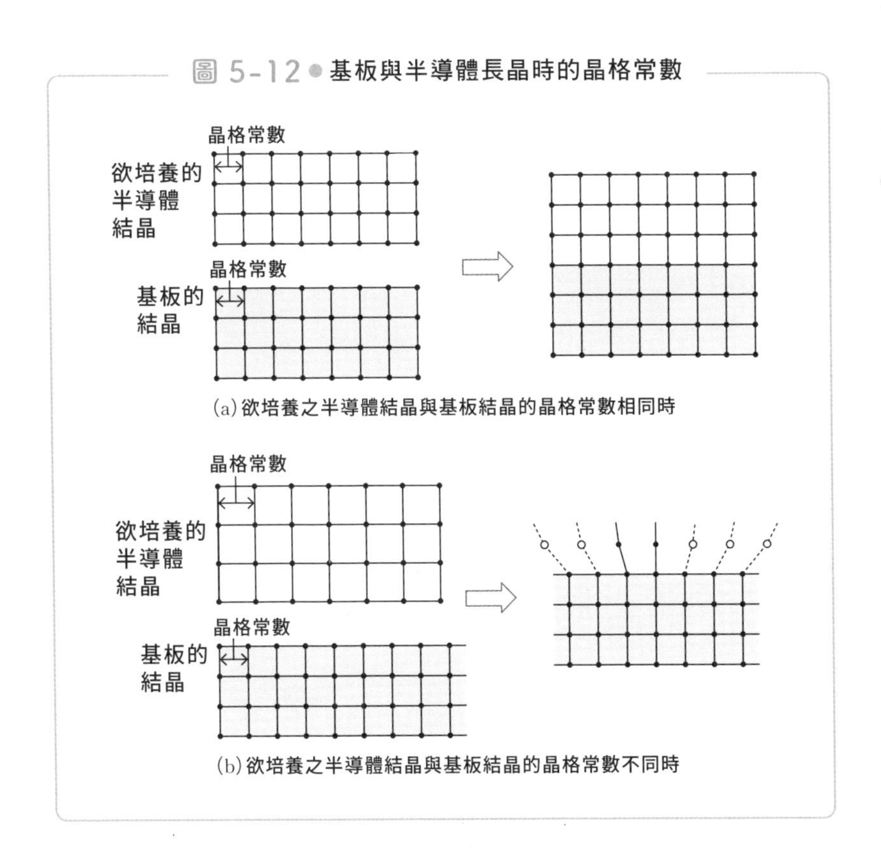

圖5-12 ● 基板與半導體長晶時的晶格常數

但就GaN而言，並不存在晶格常數與其相近的基板材料。赤崎選擇藍寶石（Al_2O_3）做為材料，但晶格常數差了13%左右，會長出含有許多缺陷、錯位的結晶。

赤崎與天野的一大貢獻，就是解決了這個問題。他們的方法就是在藍寶石基板與GaN之間加入低溫緩衝層。這個其實是個在無意中發現的方法。

一般而言，研究者們會在1000℃左右的高溫下製造GaN單晶。不過，剛加入赤崎實驗團隊、當時還是研究生的天野，某天卻在遠低於1000℃的低溫下做實驗。當時加熱爐故障，無法提升到想要的溫度。

此時，天野製作出來的並不是GaN，而是在藍寶石基板上製作出了AlN（氮化鋁）薄膜。而在實驗開始後不久，加熱爐恢復正常，於是又在AlN上形成了GaN結晶。

天野取出結晶後，發現成品並不是平常看到的那種霧玻璃般的結晶。因為過去實驗的結晶情況都很差，所以晶體看起來就像霧玻璃一樣。當時天野以為「該不會是我忘了加原料吧？」。不過他仔細檢查過後，發現成品就是無色透明的GaN結晶。這是1985年所發生的事。

在600℃左右形成的緩衝層半導體，因為結晶溫度較低，所以無法形成完整結晶。卻也因此而形成緩衝，能調整藍寶石與GaN的晶格常數差異，使其上方可以形成GaN單晶。這項技術叫做緩衝層技術，是製造藍光LED時的必要技術（圖5－13）。

圖 5-13 ● 低溫緩衝層

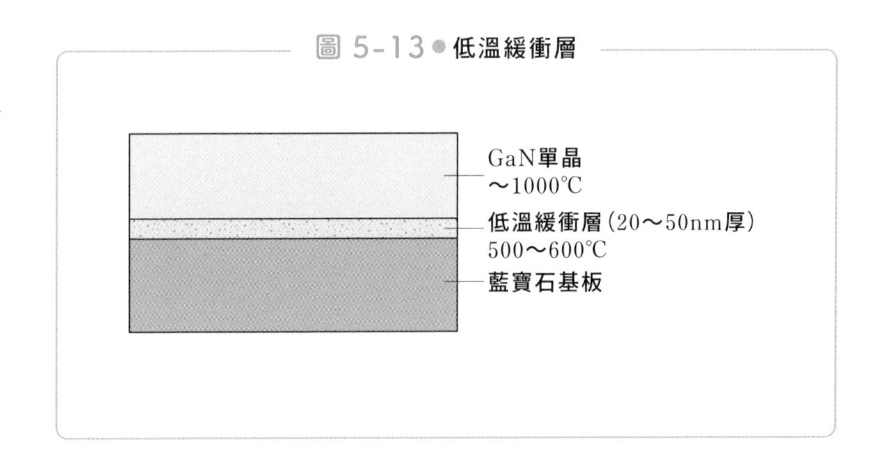

除了獲得諾貝爾獎的3名研究者以外，還有不少學者在藍光LED的開發過程中也做出了很大的貢獻。NTT研究所的松岡隆志就是其中之一。

天野首次製作出GaN單晶時，曾以為「什麼都沒做出來」，因為GaN單晶為無色透明。由於GaN的能隙約為3.4eV，對應的光波長為360nm，為紫外線波段，所有可見光都會直接穿過。

如果要製作出能發出藍光（波長約450nm左右）的LED，需要能隙為2.76eV左右的半導體。因此，需要製造出能隙較窄的InGaN單晶。

松岡在1989年時，成功製造出了InGaN單晶。要是沒有這項貢獻，就無法真正做出藍光LED。

赤崎、天野團隊在1989年便運用這項技術，成功用GaN製作出可發出藍光的pn接面二極體。但由於此時的成品亮度還不夠，因而無法商業化。

另一位諾貝爾獎獲獎者，日亞化學的中村修二於1989年開始製作GaN單晶，這個時間點是在赤崎、天野成功製造出可發出藍光之GaN單晶之後。

中村的貢獻在於，成功以「雙流法」長出高品質GaN單晶，大幅提升其發光的亮度，還開發出了p型GaN的高效率製造方式。

過去的MOCVD法會將反應氣體（TMG與NH_3）斜斜噴向藍寶石基板，使GaN單晶成長。不過，溫度高達1000℃的基板太熱，原料氣體會因為對流而上升，難以在基板上堆積成結晶。於是中村就想出了圖5－14的方法。

圖 5-14 ● 雙流法的原理

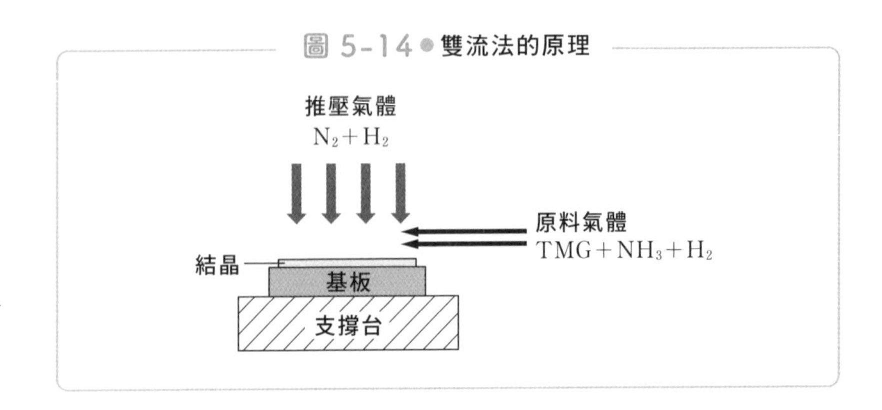

這種方法會用到2群不同目的的氣體。一群是原料氣體，由TMG＋NH_3＋H_2組成，流動方向與基板方向平行；另一群則是由N_2＋H_2組成的氣體，從基板的正上方垂直往下噴。當原料氣體因熱對流而往上浮起時，這群氣體可以將原料氣體往下壓，故稱為推壓氣體。

因為這種方法會用到2種流動方向不同的氣體，故稱為「雙流法（two flow）」。雙流法的專利編號為2628404，人們常以末3碼稱這項專利為「404專利」。

p型GaN的製造方法是中村的另一個重大研究成果。

n型GaN的製造相對較簡單，p型GaN的製造在技術上則難上許多。赤崎等人試著在GaN中摻入Ⅱ族的鎂（Mg），並以電子束照射，解決了這個問題。不過，如果在實際產線上使用這種方法，要花費相當高的成本，並不符合實際需求。

於是中村便開始研究製作p型GaN的方法。他發現，若在一定條件下對GaN結晶進行熱處理，就會轉變成p型。這個發現開啟了藍光LED量產之路。

此外，中村也運用NTT研究所的松岡研發出的InGaN技術，開發發光效率較高的雙異質接面藍光LED（圖5－15）。其亮度高達1燭光，是當時藍光LED的100倍亮。

藍光LED的誕生過程中，赤崎、天野團隊發現的基礎技術扮演著重要角色，而將其改良成商業化產品的是中村。在這3人與松岡的努力下，才成功開發出了世界上第1個商業化的藍光LED產品。

圖 5-15 ● 雙異質接面的藍光 LED（剖面圖）

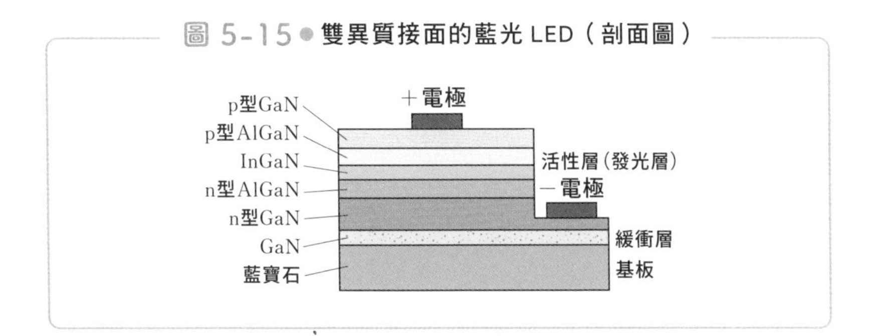

5-4 發出美麗光芒的半導體雷射

——用於CD、DVD、BD的讀寫與光通訊

雷射（Laser）指的是能發出**同調光**這種「整齊光線」的裝置。**這裡說的「整齊」指的是相位整齊。**

使用LED就可以製造出單一波長，也就是單色光，但這些光的相位並不整齊，如圖5－16(a)所示。相對的，同調光就像同圖的(b)一樣，這些光不只波長相同，相位也一樣。雷射裝置可以產生同調光。

半導體雷射也叫做**雷射二極體**（LD：Laser Diode），以電流通過pn接合二極體，使其發光的原理，基本上與發光二極體LED相同。使用的半導體也與LED相同。

圖 5-16 ● 同調光

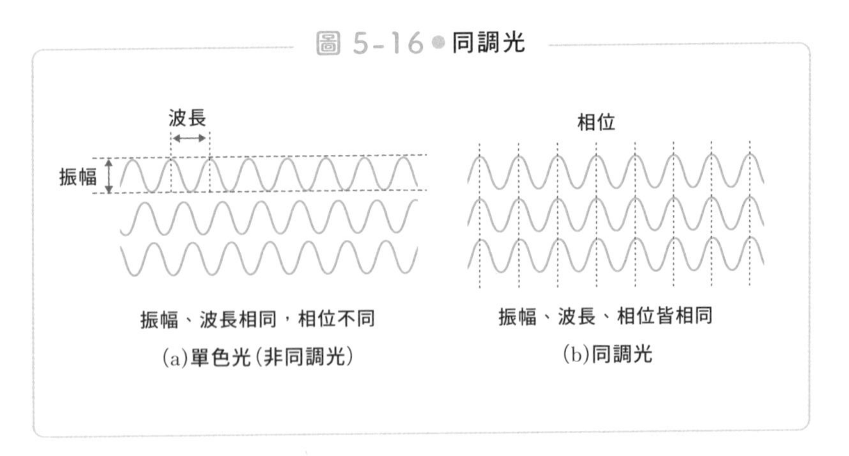

兩者差異在於釋放出光的方法。LED產生的光會直接釋放至外部，為自然放出現象。另一方面，半導體雷射有個光共振器結構，光會在**光共振器**內增幅、變強再釋放，稱為**受激發射**。

在光共振器內增幅的光，不論波長還是相位都相同，因而為同調光。Laser一詞是「Light Amplification by Stimulated Emission of Radiation（以激發射出的方式為光增幅）」的首字母縮寫，這段文字就含有上面提到的「光的增幅」、「激發」的意思。

透過半導體產生光的機制雖然與LED類似，不過結構上有些差異，如圖5－17所示。由LED活性層（發光層）產生的光會往上下左右所有方向放射，但是半導體雷射所產生的光則是會從活性層的兩端往水平方向放射。

實際上的半導體雷射（晶片）有著雙異質接面結構，如圖5－18(a)所示，是由2個披覆層（100～200nm）夾住1個很薄的活性層（1～2 μm）構成。

圖 5-17 ● 發光二極體（LED）與半導體雷射的結構

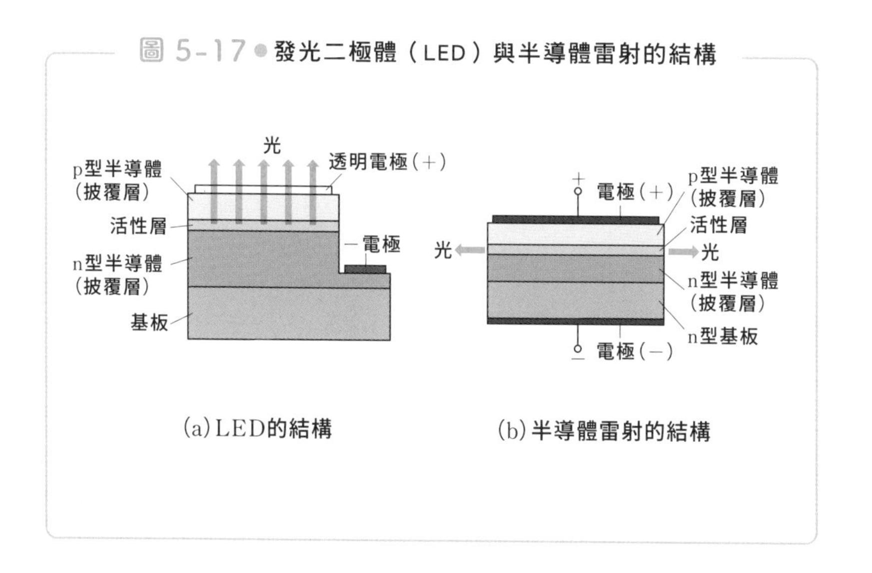

該圖(b)為雙異質接面結構的半導體雷射示意圖，是從旁邊看過去的剖面圖。與LED一樣，由p型與n型披覆層夾住活性層，活性層的自由電子與電洞結合時，便可釋放出光芒。晶片側面有反射鏡的功能，可反射內部產生的雷射光。

另外，製造雷射半導體時，會設法提高活性層的光折射率，降低披覆層的折射率，使活性層內產生的光被關在活性層內。而如圖5－18(c)，當雷射光在兩端的反射鏡之間來回反射的過程中，波長會趨於一致，這就是光共振器的原理。

圖 5-18 ● 半導體雷射的結構

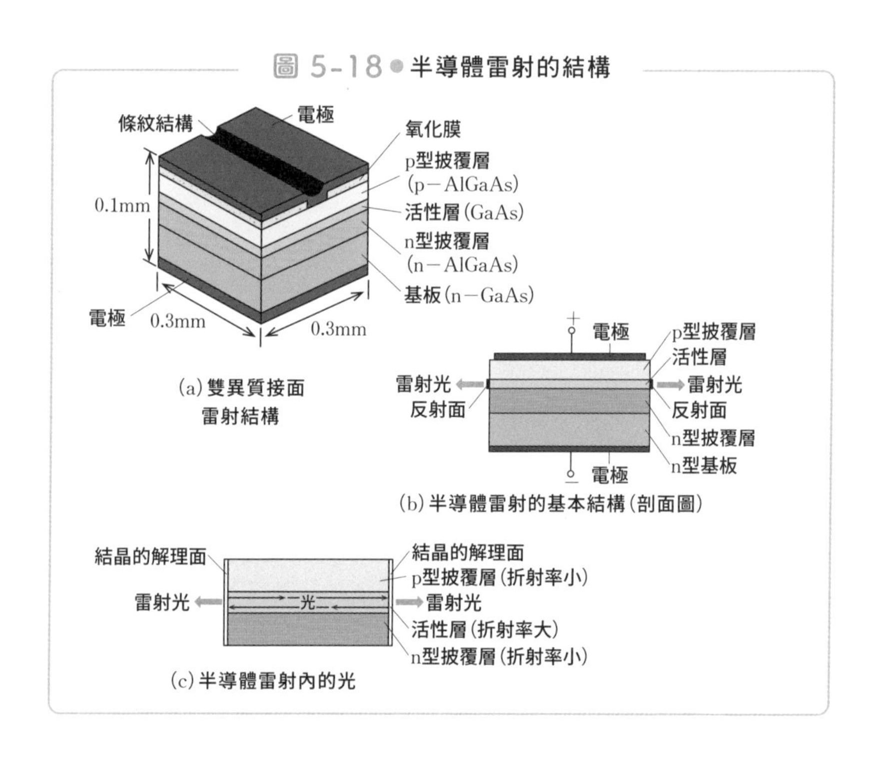

活性層內出現複合現象時，發出的光會觸發其他電子與電洞的複合，產生連續反應，稱為受激發射。此時，第2次以後的複合現象所產生的光，會與第1次的光有相同相位。這種受激發射反覆發生，便可產生相位整齊的強光。

LED與雷射所產生的光，波長分布有很大的差異，如圖5－19所示。圖(a)的LED光含有許多波長不同的光。

相對於此，結構較簡單的**FP**（Fabry－Perot，法布立－培若）**雷射**，光的波長分布如圖5－19(b)左圖，稍微有些分散。圖5－18就是FP雷射的結構。

圖5－19(b)右圖則是結構更複雜的**DFB**（Distributed Feedback：分布回饋雷射）**雷射**的光波長。DFB雷射的結構如圖5－20所示，在披覆層與活性層的交界處，設計成了光波狀的繞射光柵結構。除了波長為繞射光柵週期2倍的光線之外，裝置內產生的其他光線都會彼此抵消。最後便可得到單一波長的同調光。

圖 5-19 ● LED 與雷射所產生的光波長分布

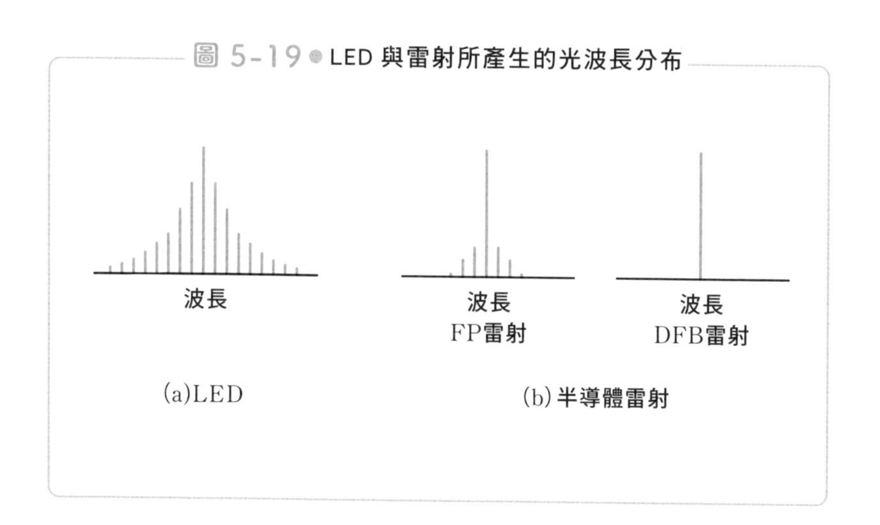

雷射光有個特點，那就是從1個微小的點發射的光，會持續直線前進。這種直進性可以用來製作測量計。

另外，像是CD、DVD、條碼掃描器這種，需要讀取極微小區域記錄的資訊時，就需要用到光。

圖 5-20 ● DFB 雷射的結構與原理

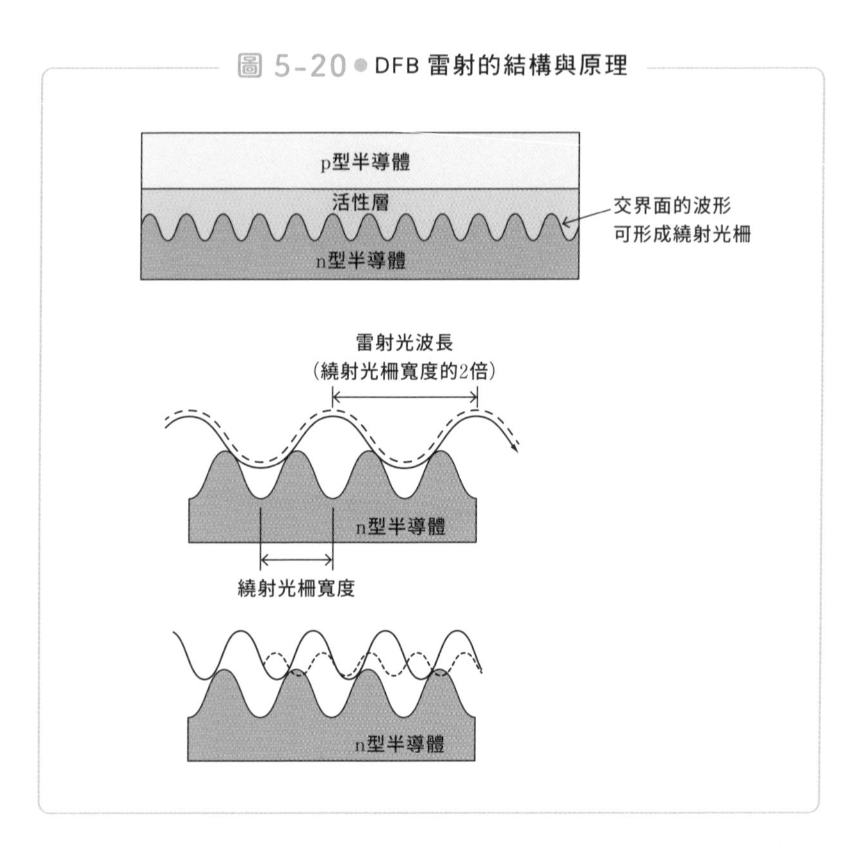

CD、DVD、BD等碟片所使用的波長有嚴格規定，如圖5－21所示。波長愈短的光，可以讀到愈微小的區域，故這樣的碟片可以儲存更多資訊。大容量的藍光碟片，就是在藍光雷射實用化之後才得以實現的商品。

現今的通訊網絡中，光纖的運用相當廣泛。因而有必要將電流訊號轉換成光訊號，此處也會使用到半導體雷射。

光訊號能以圖5－22的方式傳送，雷射光的ON、OFF分別代表數位訊號的「1」、「0」。若使用半導體雷射，便可在1秒內高速切換ON／OFF達100億次以上（10Gbps以上）。

以光纖傳送光訊號時，我們會希望在長距離的傳送過程中，訊號不

圖 5-21 ● 半導體雷射的使用波長

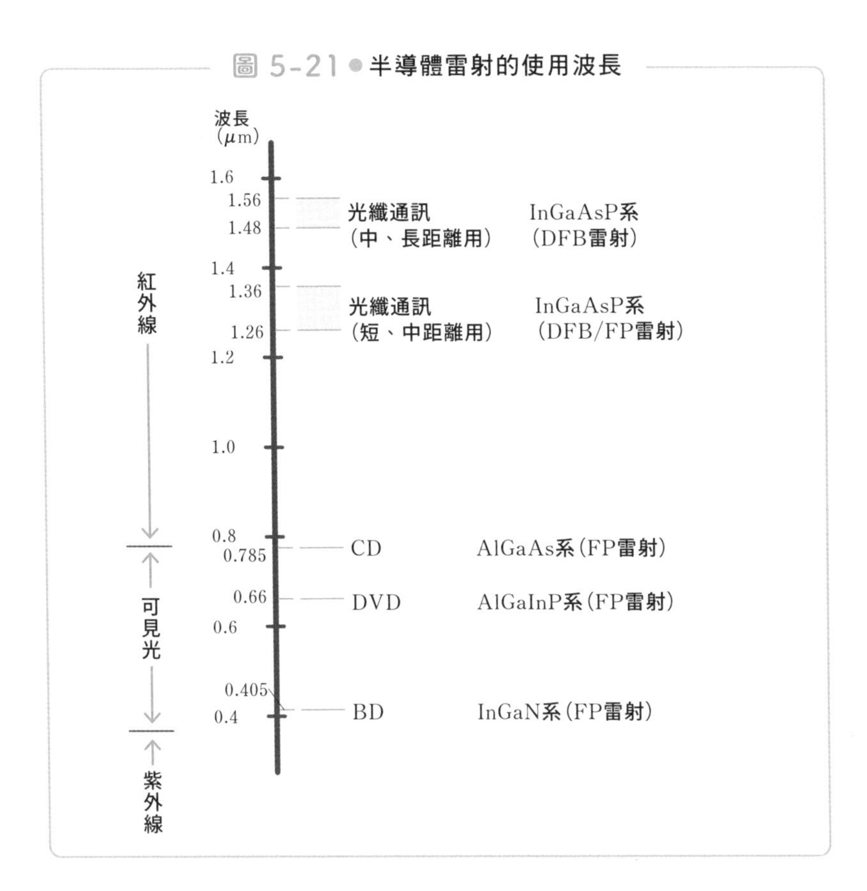

會衰減。光纖內光線的衰減量因光波長而異。波長1.55 μm左右的光，衰減程度最小，故要長距離傳送龐大資訊時，常會使用這個波長的雷射。

以超高速的光訊號進行長距離傳送時，會使用DFB雷射。為了防止光脈衝的波形崩毀，一般會使用單一波長的光。如果對傳送品質沒有那麼要求，有時會改用成本較低的FP雷射。

圖 5-22 ● 雷射所產生的光脈衝

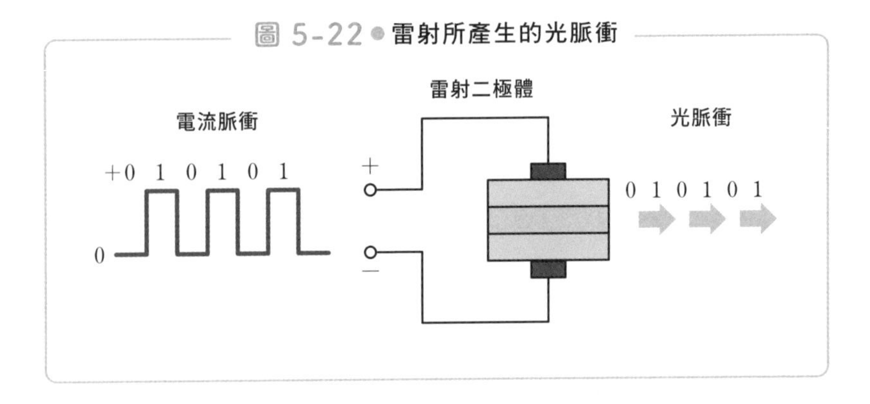

數位相機的眼睛——感光元件

——用於製作相機的眼睛

感光元件是一種可將光轉變成電訊號的半導體，常被當成智慧型手機或數位相機的眼睛。

感光元件如圖5－23所示，是由微透鏡、濾色鏡、光電二極體構成。入射光經微透鏡聚光後，通過濾色鏡分解成三原色，再透過光電二極體偵測出光線量。

光電二極體可將光轉變成電訊號（電荷），並累積這些電荷。不過光電二極體無法識別顏色，只能識別光線的強度。若要識別出顏色，就必須先透過濾色鏡將其分解成三原色，然後分別偵測三原色的光線量，才能取得顏色資訊。

這裡的光電二極體與太陽能電池類似，都是pn接面半導體。不過，太陽能電池在設計時，會盡可能地讓輸出電流最大化，光電二極體則會設計成盡可能提高光線量轉換成電荷的效率，以獲得最漂亮的圖像。

所謂的感光元件，就是這些名為像素的單元聚積而成的結構。說明相機性能時，常會用到「1000萬像素」之類的用語，指的就是這些單元。基本上，像素數目愈多，愈能得到高精密度的圖像。

圖 5-23 ● 感光元件的結構

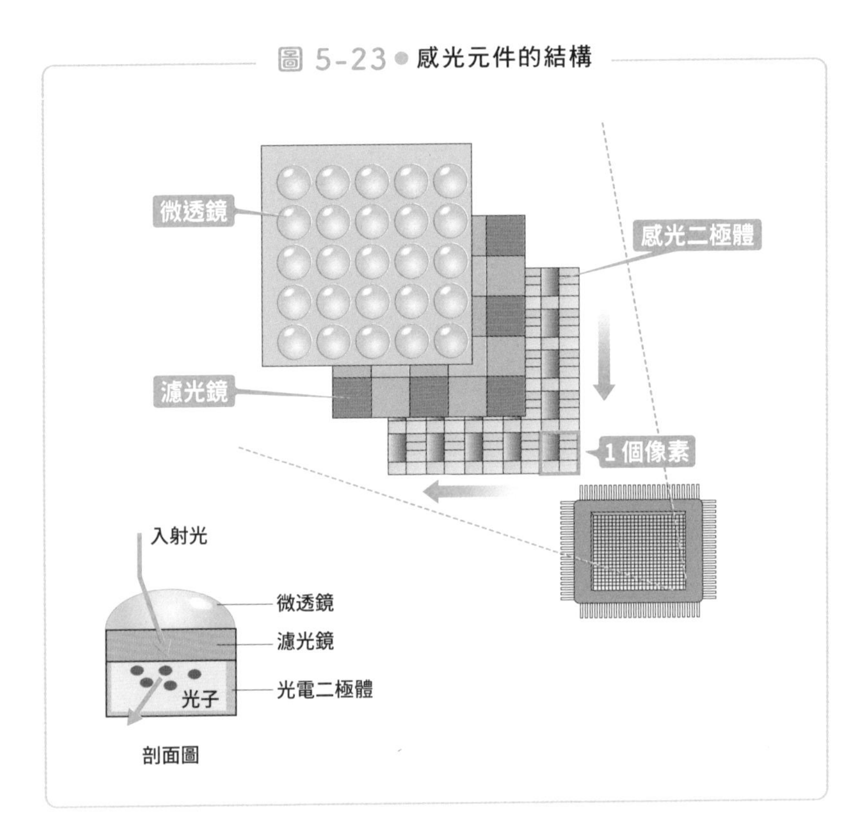

代表性的感光元件結構有2種。

一種是很久以前就實用化的**CCD**（Charge Coupled Devices：電荷耦合元件）感光元件，另一種則是2000年代才開始實用化的**CMOS**（Complementary Metal Oxide Semiconductor：互補式金氧半導體）**感光元件**。

CCD與CMOS結構的主要差別在於如何處理光電半導體產生的電荷，也就是電路結構的差異，其他像是微透鏡、濾光鏡、光電二極體等組成要素則是大同小異。

圖5－24說明了CCD結構與CMOS結構的感光元件如何讀取光電二極體儲存的電荷。

CCD中，光電二極體累積的電荷就像傳水桶接力一樣，沿著各個像素傳送，然後經過同一個放大器，轉換成較大的電子訊號。由於傳送電荷時需要高電壓，所以有消耗電力較高，讀取時間較長等缺點。不過，因為所有像素都使用同一個放大器，所以放大時不會產生偏差，畫質一般來說會比較好。

另一方面，CMOS中每個像素都有一個放大器。內部電路由低耗電的CMOS構成，所以耗電量相當低，且電荷可馬上被放大器增幅，所以讀取速度也比較快。不過，因為每個像素都有一個放大器，各個放大器彼此間的差異會使畫質惡化。

圖 5-24 ● CCD 結構與 CMOS 結構的差異

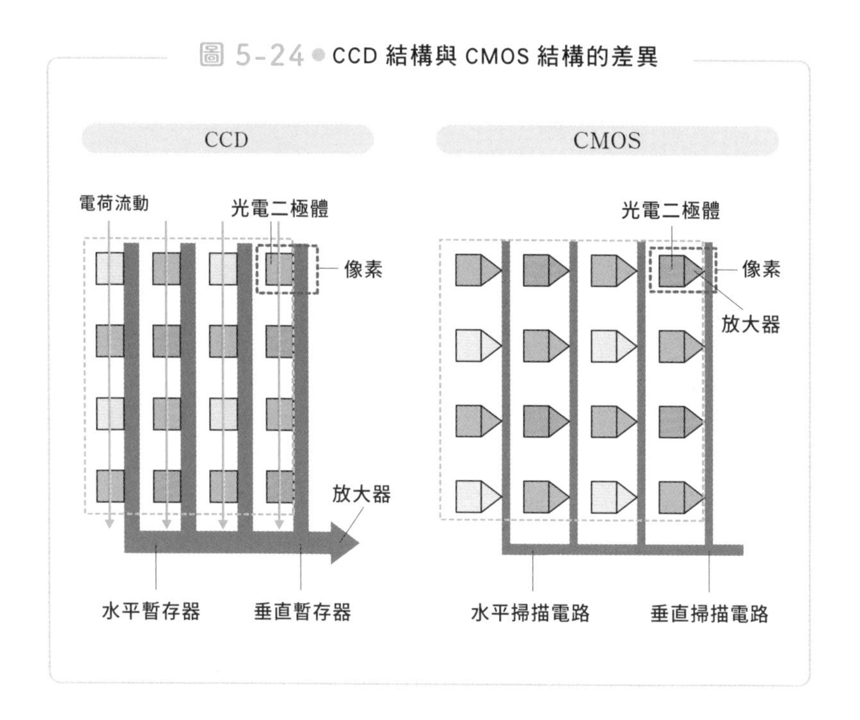

另外，在傳統CMOS的像素中，光線抵達光電二極體前需穿過電子電路，所以抵達光電二極體的光線較弱，有敏感度較低的問題（圖5－25(a)）。

不過，2008年時SONY開始量產背面照射型CMOS感光元件

「Exmor R」，如圖5－25(b)所示，光會從晶片背面射入，所以抵達光電二極體的光線量更大。

在這之後，SONY陸續開發了堆疊型CMOS感光元件、35mm全片幅背面照射型CMOS感光元件等等，在這個領域中做出許多創新。

CMOS感光元件的製程與目前的LSI有許多共通部分，與其他數位電路的聚積化相對簡單，容易降低成本，有許多優點。另一方面，CCD感光元件需要許多特殊製程，成本較高。

於是，市面上的感光元件逐漸變成了CMOS，現在的CMOS感光元件已完全成為了主流。

圖 5-25 ● 傳統型與背面照射型 CMOS 感光元件

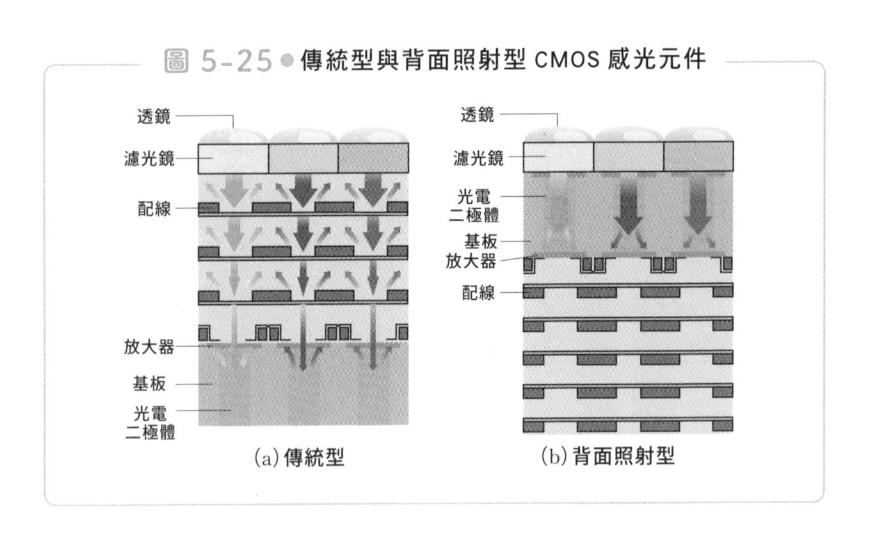

無線通訊用的半導體

——可放大微波的半導體

如同我們在第2章中提到的，為了應用在收音機、電視上，電晶體在發展過程中，適用頻率愈來愈高。然而，隨著頻率的增加電晶體放大器的效率（放大程度）會降低，傳統電晶體適用的頻率最高只到數GHz。

不過，無線通訊會用到遠超過這個頻率的無線電波，譬如5GHz左右，以及數十GHz到近100GHz的無線電波等。過去人們會使用名為行波管（TWT）的真空管來處理這些頻率的無線電波。

此分界點是到1979年，富士通研究所的三村高志發明了**HEMT**（High Electron Mobility Transistor：高電子移動率電晶體）這種電晶體，才有了技術上的突破。

HEMT的處理範圍可從數十GHz的微波波帶，一直到近100GHz的毫米波，屬於超高頻電晶體。另外，HEMT有雜訊較少的優點，在放大微小訊號時十分有利。

HEMT的基本結構為FET。不過，與傳統的FET相比，HEMT在高頻特性與雜訊特性方面下工夫做了改良，而有更優異的表現，關鍵在以下2點。

（1）使用了電子移動率比矽高的砷化鎵（GaAs），所以電子可在結晶內快速移動，處理高頻率訊號。

（2）在基板上製作出「生成電子的半導體層」與「供電子移動的半導體層」。電子可在電子移動層中快速前進。

HEMT的基本結構如圖5－26所示。

圖 5-26 ● HEMT 的基本結構

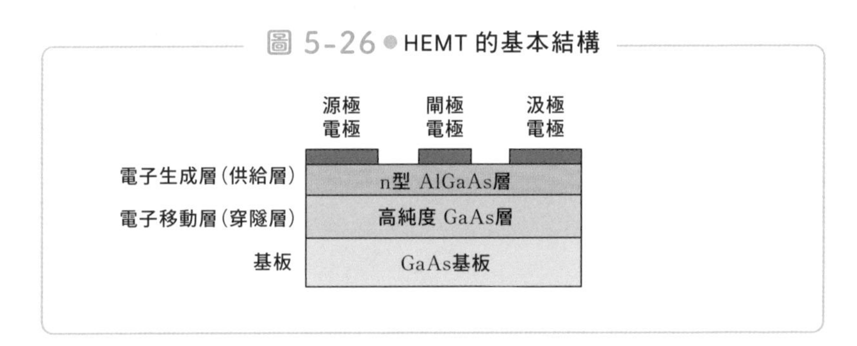

HEMT會在GaAs基板上製作出電子移動層（穿隧層），以及不含雜質的高純度GaAs結晶。再上面則是以磊晶成長法製造出來的n型半導體AlGaAs結晶——電子生成層（電子供給層）。

基板為不含雜質的GaAs結晶，幾乎為絕緣體。HEMT的載子為電子，電子會在含n型雜質的電子生成層AlGaAs結晶中生成。

AlGaAs結晶中，Al與Ga皆為Ⅲ族元素，若將Al與Ga以適當比例混合，便可形成與GaAs類似的Ⅲ－Ⅴ族化合物半導體。混晶後，結晶的電性質略有改變，AlGaAs的能隙略比GaAs大一些。

這種能隙差會使AlGaAs層生成的電子聚集到GaAs層一側，電子便會在不含雜質的GaAs層中移動。

圖5－27列出了HEMT與MOSFET大致上的運作差異。

圖左側的HEMT中，電子生成層所產生的電子會移動到下方的電子移動層，再從源極往汲極移動。電子移動層為雜質含量低的高純度GaAs結晶。這層的電子不會被雜質干擾，可以快速移動。此外，也不

圖 5-27 ● HEMT 與 MOSFET 的差異

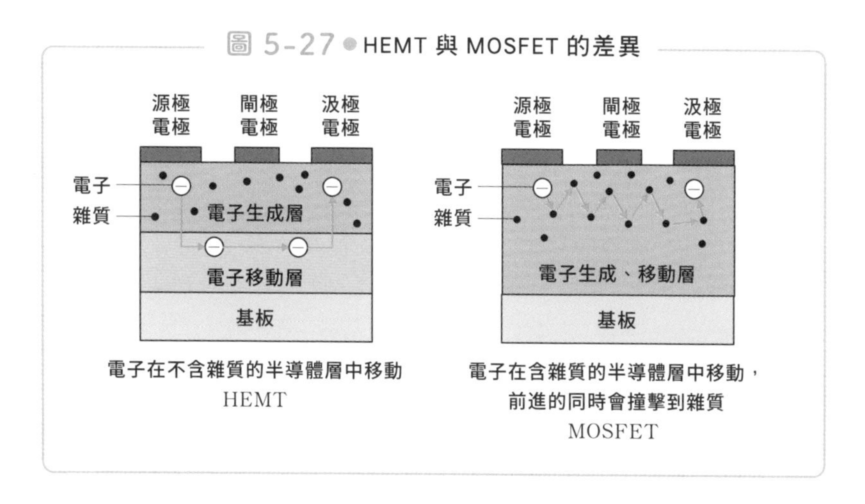

會因為散射而產生雜訊，為HEMT的一大優點。

另一方面，圖右側的MOSFET中，電子的生成與移動都是在n型結晶內進行。所以電子移動時，容易撞擊到結晶內的雜質，產生散射現象，使移動速度下降，還會出現雜訊。

綜上所述，**研究人員將半導體分成了電子生成層（n型AlGaAs層）與電子移動層（高純度GaAs層）。這個巧妙的想法，創造出了HEMT這種超高速、低雜訊的劃時代電晶體。**

傳統電晶體最多只能在數GHz的頻率下運作；HEMT的電子（載子）能以超高速移動，故能以數十GHz以上的高頻率運作。而且HEMT的雜訊非常少，對於放大器而言十分重要。

最初的HEMT產品是用於日本野邊山的宇宙電波望遠鏡（1985年）。

電波望遠鏡為了要感應來自宇宙的極微弱電波，需要使用巨大的拋物面天線。在收訊部分設置HEMT放大器，將微弱的電波放大，就可以顯著提高電波望遠鏡的敏感度。

77K的液態氮溫度下，HEMT的電子移動率會比常溫還要高，放大器性能也會比常溫高（效率高、雜音小）。因此，若在電波望遠鏡上使用這種HEMT，可進一步提高敏感度，更有機會能捕捉到來自宇宙的電波。

在我們的生活周遭，接收家用衛星訊號（12GHz頻帶的無線電波）時使用的拋物面天線，也會用到HEMT放大器。

前面我們只提到了用GaAs製作的半導體，不過當目的與用途不同時，也會採用不同的化合物半導體。

近年來備受矚目的氮化鎵（GaN）的能隙就比GaAs還要大，擁有耐高溫、崩潰電壓較高等特徵。

因此GaN可用於製作輸出大、高電壓的HEMT。雖然GaN的電子移動率劣於GaAs，不過飽和電子速度卻比GaAs高，故也可以高速運作。

隨著智慧型手機的高速化、大容量化，使用的電波頻率也愈來愈高。

第1、2世代使用的是800MHz頻帶，第3世代（3G）使用的是2GHz頻帶，第4世代（4G）為3.5GHz頻帶，第5世代（5G）則達到了28GHz頻帶。

由GaN HEMT製成的電晶體，就能夠用於這種需持續大量輸出高頻率電波的基地台。GaN HEMT的基本結構與GaAs HEMT相同，電子生成層以AlGaN製成，電子移動層以高純度GaN製成。

另外，**近年來Si元件的高頻化工作也在進行中。除了衛星等特殊用途，以及需要大電力運作的基地台領域之外，許多高頻元件也逐漸替換成了便宜的Si元件。**

舉例來說，若將Si電晶體的基極部分加上10%左右的Ge，形成SiGe異質接面雙極性電晶體，可降低基極的能隙。薄型基極也有助於電晶體的高頻化。

另外，隨著CMOS的微小化，閘極長在40nm以下的MOSFET已足以在毫米波帶運作。譬如汽車用雷達使用的76GHz這種高頻毫米波，就可以用CMOS產品來接收。

5-7 支撐工業用機械的功率半導體

── 在高電壓下運作的半導體

這裡介紹的**功率半導體，是在高電壓、高電流，也就是在高功率下運作的元件**。使用領域如圖5－28所示。

舉例來說，為了提高輸電效率，從發電廠伸出的輸電線有著數十萬伏特的超高電壓。住家附近的輸電線電壓也有6600V，是相當高的電壓。

圖 5-28 ● 功率半導體的用途

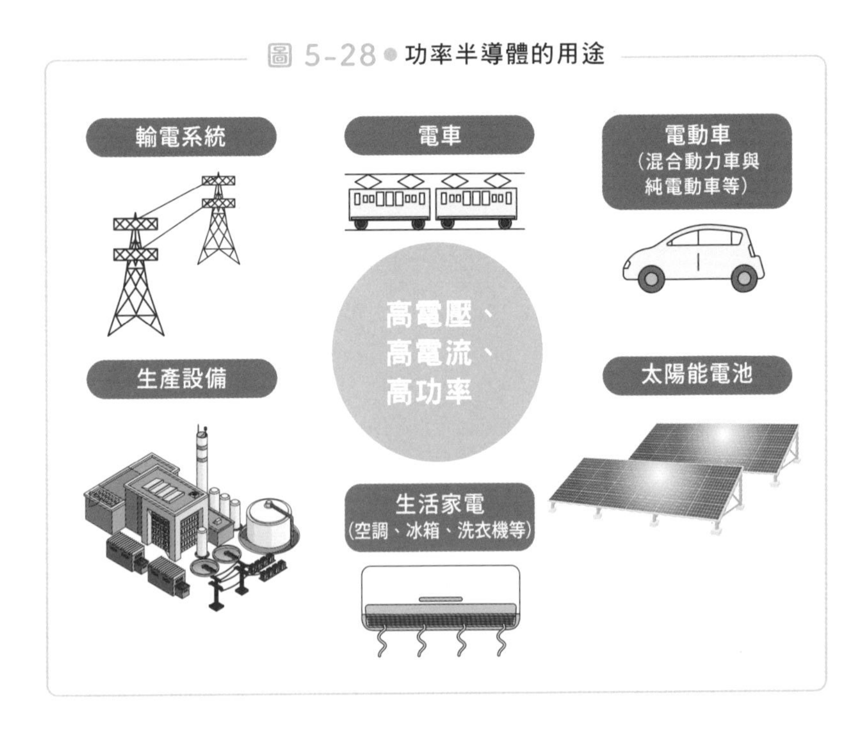

此外，交通工具的驅動馬達也需要高功率，電動汽車需要600V左右才能驅動，電車則需要1500V或20000V的高電壓。

處理這種高功率電流的半導體稱為功率半導體。

功率半導體為類比式運作。首先，功率半導體可做為高電流、高電壓的開關使用。

除了可以提供高功率的電力外，功率半導體還可以將交流電轉為直流電（AC—DC轉換），以及轉變直流電的電壓（DC—DC轉換），如圖5－29所示。

圖 5-29 ● 功率半導體的用途（轉換）

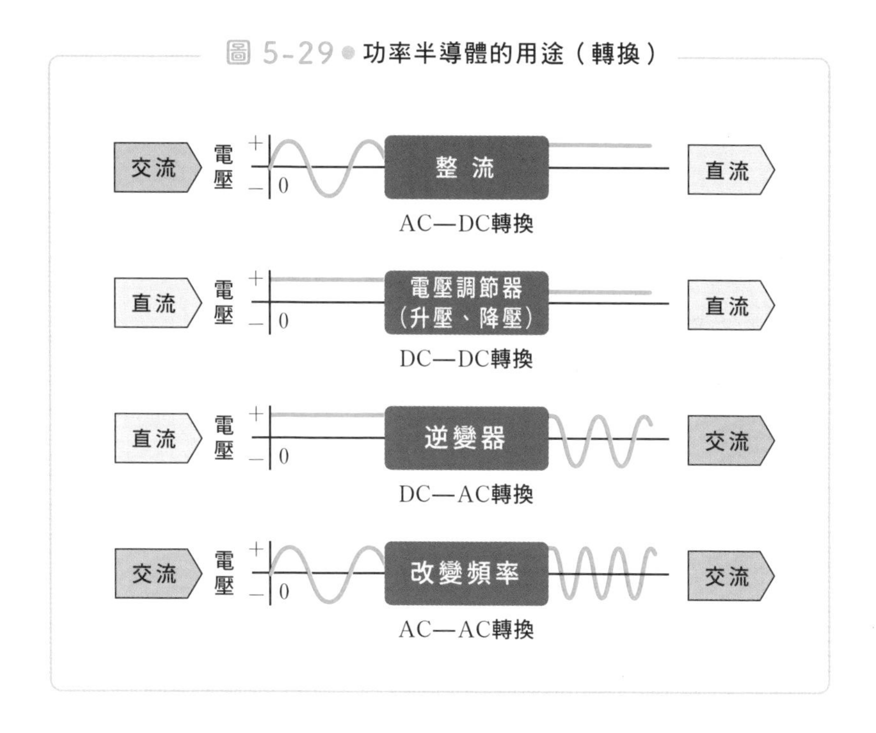

功率半導體的要求的特性，與一般的數位半導體、類比半導體有些不同。

首先，耐高壓電的特性十分重要。如果要在600V下運作，就必須能承受600V的高電壓。

再來，還要盡可能減少接通電阻。

舉例來說，假設某個元件有1Ω的寄生電阻，那麼在5V、100mA下運作，功率會是0.5W。但如果在500V、10A下運作，功率會變成5000W，造成相當大的電力耗損與嚴重發熱。因此，低電阻化也十分重要。

由於半導體元件在高功率下運作時會發熱，所以散熱性也相當重要。

此外，功率半導體常用於處理交流電，譬如AC—DC轉換等。所以必須擁有「能在高頻率下運作」、「寄生電容較低」等特性，與一般類比半導體要求的性質類似。

要將一般半導體改造成功率半導體，有2種方法。

第1種方法是在便宜的矽元件結構上下工夫，使其能在高功率下運作。第2種方法則是改用GaN或SiC等能隙較大、可在高電壓下運作的材料。

首先說明第1種方法，也就是改造矽元件的結構，如圖5－30的**功率MOSFET**。乍看之下，這和一般的MOSFET十分相似，不過仔細看

圖 5-30

功率 MOSFET 的結構

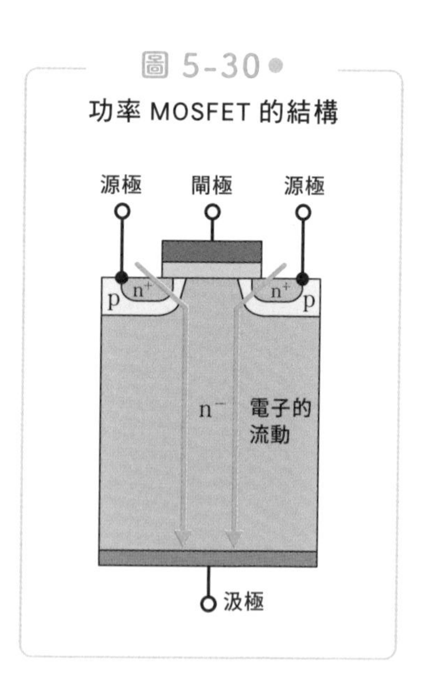

會發現，源極在閘極的旁邊，汲極端子卻從背面伸出。

這種結構下，汲極的n⁻區域相當寬廣，故可承受很高的電壓。而且，與一般的MOSFET相比，這種功率MOSFET可以做得比較大，有助於降低電阻，散熱問題也比較好解決。

再來要介紹的則是圖5－31(a)的**IGBT**（Insulated Gate Bipolar Transistor）。這是在雙極性電晶體的基極部分加上氧化膜後形成的結構。簡單來說，就是結合了耐高電壓、耐高電流的雙極性電晶體，以及能以電壓驅動、在高速下運作的MOSFET之優點的元件。

圖5－31(b)列出了運作時的等效電路。IGBT可以透過閘極的電壓，控制pnp電晶體的基極電流。

圖 5-31 ● IGBT 的結構與等效電路

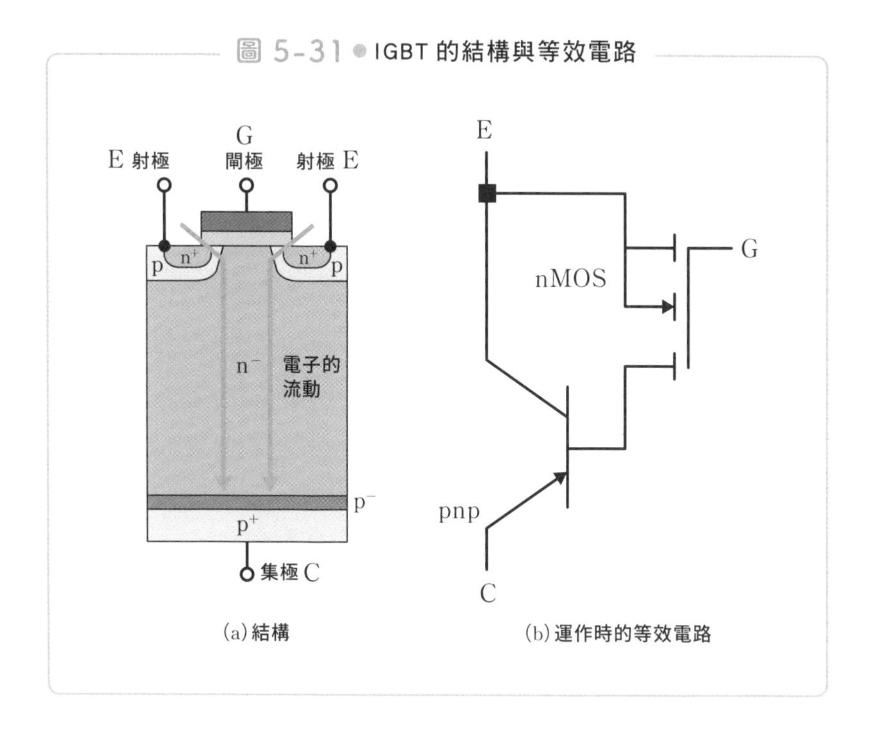

(a)結構

(b)運作時的等效電路

第2種方法則是改用能隙較大的材料，譬如我們在5－5節與5－6節中介紹的GaN，以及1－7節中介紹的鑽石或SiC等。其中，鑽石又被稱為究極的半導體，但至今仍未能實用化。不過，SiC與GaN元件產品已在市面上流通。

換言之，改用能隙、電子移動率（高速性）、放熱性比矽優異的材料，便能輕鬆製造出高性能的功率半導體。

不過，材料與製造成本是最大的困難。未來的開發工作需處理包含低成本化在內的許多問題。

半導體之窗

光的能量

光（一般化的稱呼為電磁波）擁有波的性質，也擁有粒子的性質。光的粒子叫做**光子**（Photon），是一種基本粒子。

光子的能量E符合以下方程式。

$$E = h\nu = hc/\lambda \qquad (1)$$

其中，h：普朗克常數（6.6261×10^{-34}［J・s（焦耳・秒）］）

c：光速（2.9979×10^{8}［m/s］）

ν：（每秒）振動次數　　λ：波長（［m］）

如同在方程式中看到的，振動次數（等同於無線電波的頻率）愈高的光，或者說波長愈短的光，能量就愈大。

將各個數值代入式（1），就可以得到能量E，單位為「J（焦耳）」。

不過，在半導體的領域中，能隙數值比較常用「電子伏特（eV）」為能量單位。這是1個電子在1V電壓下加速後獲得的能量。

$$1\ [\mathrm{eV}] = 1.6022\times10^{-19}\ [\mathrm{J}] \qquad (2)$$

將這個數值代入式（1），將能量單位改為［eV］，可得到下式。

$$E = (6.6261\times10^{-34}\times2.9979\times10^{8}) / 1.6022\times10^{-19}\cdot\lambda$$
$$= 1.2398\times10^{-6} / \lambda\ [\mathrm{eV}] \qquad (3)$$

式（3）中，波長λ的單位為「m（公尺）」。不過在討論光的時候，通常會用「nm（奈米）」這個單位。因為$1\mathrm{nm} = 10^{-9}\mathrm{m}$，故將λ的單位改為［nm］時，需將式（3）變形如下。

$$E = 1.2398 \times 10^3 / \lambda = 1239.8 / \lambda \ [\text{eV}] \fallingdotseq 1240 / \lambda \ [\text{eV}] \quad (4)$$

這個關係如圖5－A所示。

由圖可以看出，波長愈短的光，能量就愈大。

圖 5-A ● 光的波長與能量的關係

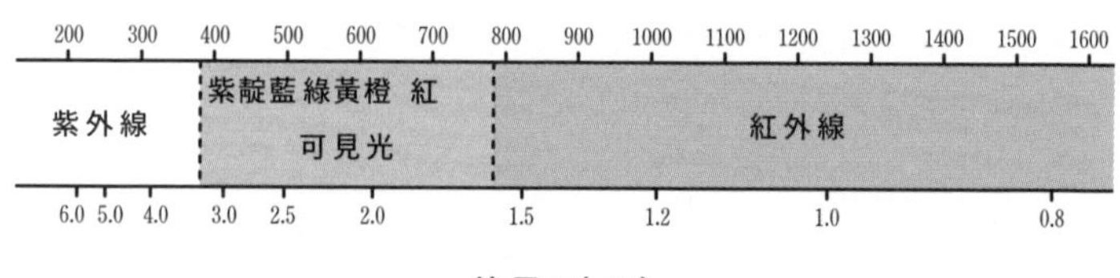

索 引

英數字

2～5劃

6～10劃

11～15劃

16～20劃

21～25劃

27劃

著者簡介

井上伸雄

1936年出生於福岡市。1959年畢業於名古屋大學工學部電氣工學科，進入日本電信電話公社（現在的NTT）工作。於該公司的電氣通訊研究所研究開發數位傳輸、數位網路等技術。1989年成為多摩大學的教授，也為該大學的榮譽教授。工學博士。
在電氣通訊研究所工作時，致力於日本數位傳輸的實用化，之後亦參與了高速數位傳輸方式與數位網路的研究開發。從日本開始發展數位通訊產業起，25年來皆致力於數位通訊技術的研究。
1989年離開NTT後，於日經Communication誌（日經BP社）連載網路講座專欄。以此為契機，開始執筆寫書，希望能用簡單易懂的方式說明通訊技術。至今寫過的主要作品包括《情報通信早わかり講座》（共著，日經BP社）、《通信＆ネットワークがわかる事典》、《通信のしくみ》、《通信の最新常識》、《図解 通信技術のすべて》（以上皆為日本實業出版社）、《基礎からの通信ネットワーク》（OPTRONICS社）、《「通信」のキホン》、《「電波」のキホン》、《カラー図解でわかる通信のしくみ》（以上皆為SB Creative）、《図解 スマートフォンのしくみ》（PHP研究所）、《モバイル通信のしくみと技術がわかる本》（animo出版）、《通読できてよくわかる電気のしくみ》、《情報通信技術はどのように発達してきたのか》（以上皆為Beret出版）、《圖解電波與光的基礎和運用》（東販出版）等。
興趣是海外旅行（超過70次，曾到訪40個以上的國家），與觀看東京六大學棒球賽。從昭和20年秋的早慶戰以來，幾乎每季都會到神宮球場觀戰，是個老早稻田迷。

藏本貴文

1978年1月出生於香川縣丸龜市。關西學院大學理學部物理學科畢業後，為了在尖端物理的研究與應用上更進一步，進入半導體大廠工作。目前的專業是以微積分、三角函數、複數為工具，用數學式模擬、說明半導體元件的特性。
除了是現役工程師之外，還有個作家副業。撰寫數本以科學、科技為核心的科普書（自著），也和其他作者合作商管書籍、實用書籍。另外，還參與電子書的編輯、製作。
著作包括《数学大百科事典 仕事で使う公式・定理・ルール127》（翔泳社）、《解析学図鑑：微分・積分から微分方程式・数値解析まで》（Ohm社）、《学校では教えてくれない!これ1冊で高校数学のホントの使い方がわかる本》（秀和System）等。

圖解半導體
從設計、製程、應用一窺產業現況與展望

2022年11月1日初版第一刷發行
2024年 3 月1日初版第六刷發行

著　　者　井上伸雄、藏本貴文
譯　　者　陳朕疆
副 主 編　劉皓如
發 行 人　若森稔雄
發 行 所　台灣東販股份有限公司
　　　　　<地址>台北市南京東路4段130號2F-1
　　　　　<電話>(02) 2577-8878
　　　　　<傳真>(02) 2577-8896
　　　　　<網址>http://www.tohan.com.tw
郵撥帳號　1405049-4
法律顧問　蕭雄淋律師
總 經 銷　聯合發行股份有限公司
　　　　　<電話>(02) 2917-8022

國家圖書館出版品預行編目資料

圖解半導體：從設計、製程、應用一窺產業現況與展望/井上伸雄, 藏本貴文著；陳朕疆譯. -- 初版. -- 臺北市：臺灣東販股份有限公司, 2022.11
224面；14.8×21公分
ISBN 978-626-329-472-1(平裝)

1.CST: 半導體 2.CST: 半導體工業
3.CST: 產業發展

448.65　　111014927